AutoCAD 中文版计算机辅助设计绘图员培训教材

周海鹰　主编

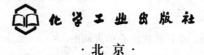

化学工业出版社

·北京·

本书主要内容包括：AutoCAD基础知识、图层及文字、绘制和编辑二维图形、标注、常用标准件的画法及其他规定画法、打印输出图形、三维绘图基础、广东省及广州市计算机辅助设计考证题型详解、广东省及广州市计算机辅助设计试题、全国计算机信息高新技术考试（AutoCAD中级机械）考证题型详解、全国计算机信息高新技术考试（AutoCAD中级机械）试题。每章附有练习，并附有计算机辅助设计中级绘图员考试大纲（机械类）。

本书适合计算机辅助设计机械类中级绘图员的培训考证，可作为各职业技术院校和培训机构的AutoCAD教材，同时可作为AutoCAD爱好者的自学教材。

图书在版编目（CIP）数据

AutoCAD中文版计算机辅助设计绘图员培训教材/
周海鹰主编. —北京：化学工业出版社，2016.8（2019.2重印）
ISBN 978-7-122-27346-8

Ⅰ.①A⋯　Ⅱ.①周⋯　Ⅲ.①AutoCAD软件-技术
培训-教材　Ⅳ.①TP391.72

中国版本图书馆CIP数据核字（2016）第131994号

责任编辑：李　娜　　　　　　　　　　装帧设计：刘丽华

责任校对：宋　夏

出版发行：化学工业出版社（北京市东城区青年湖南街13号　　邮政编码100011）
印　　装：三河市双峰印刷装订有限公司

787mm×1092mm　1/16　印张16¼　字数370千字　2019年2月北京第1版第2次印刷

购书咨询：010-64518888　　　　　　售后服务：010-64518899
网　　址：http://www.cip.com.cn

凡购买本书，如有缺损质量问题，本社销售中心负责调换。

定　　价：35.00元　　　　　　　　　　　　　　　　版权所有　违者必究

编审人员名单

主编 周海鹰

参编 张业兴 曾小梅 宋伟玲

主审 张 婷 刘建平

前　言

随着科学技术的发展，计算机绘图在多个领域中已取代了手工绘图，各职业院校和培训机构都将 AutoCAD 作为一门专业基础课程，培训出更多的计算机辅助设计绘图员，以适应社会发展的需要。

本书分三个模块，模块一是计算机绘图基础知识，模块二是广东省及广州市计算机辅助设计绘图员考试，模块三是全国计算机信息高新技术考试（AutoCAD 中级机械）。本书适合计算机辅助设计机械类中级绘图员的培训考证，可作为各职业技术院校和培训机构的 AutoCAD 教材，同时可作为 AutoCAD 爱好者的自学教材。

本书编者多年从事 AutoCAD 的教研工作，教材是编者多年教学的积累和总结，本书是在《AutoCAD 2008 中文版——计算机辅助设计绘图员培训教程》的基础上修订改版的，改版后的教材，遵循职业教育人才培养模式，注重实用性和技能性，使学生易于学习、实践和考证。本教材有如下特点。

（1）简明实用。每个绘图命令重点讲述操作方法，附有示例分析讲解，有详细的作图步骤，操作性强；每章习题有与考证相关的图，也有常见的图：如"奔驰"汽车图标、奥运五环、篮球场等，提高读者的学习兴趣。

（2）针对性强。本书明确定位中级考试（包括国家、广东省及广州市的考试），围绕"中级培训考证"的目标，从内容、例题、练习都贯穿中级绘图员考证的要求。

（3）循序渐进。教材内容编排顺序基本按工程图的作图过程顺序，内容由浅入深，后面内容覆盖前面内容，学生容易掌握。

（4）采用国家标准。文字样式、标注样式等的设置均参照《机械制图》国家标准，按《计算机辅助设计机械类中级绘图员鉴定标准》编写。

本书由周海鹰主编。其中绪论、第 2 章、第 3 章、第 5 章、第 7 章、第 8 章、第 9 章和第 10 章由周海鹰编写，第 1 章、第 4 章和第 6 章由张业兴编写，第 11 章和第 12 章由曾小梅、宋伟玲编写，全书由张婷、刘建平主审。在本书的编写过程中，得到了广州市轻工技师学院和从化市技工学校领导的大力支持，在此表示衷心感谢。

由于编者水平有限，书中难免有疏漏之处，恳请读者批评指正。

编　者
2016 年 4 月

目　录

模块一　计算机绘图基础知识

模块二 广东省及广州市计算机辅助设计绘图员考试

模块三 全国计算机信息高新技术考试（AutoCAD 中级机械）

绪　论

0.1　AutoCAD 的发展

AutoCAD 是由美国 AutDesk 公司开发的计算机辅助设计与绘图软件，在众多的 CAD 软件中处于主导地位，拥有约 80％的市场占有率，是当今工程技术领域广泛使用的绘图工具，现已经成为事实上的国际性工业标准。经过近三十年的发展，从 AutoCAD V1.0 至 AutoCAD 2014，随着版本不断提升，AutoCAD 的功能不断增强，日趋完善。

（1）AutoCAD V1.0　1982 年 11 月正式出版，推出第一代绘图软件产品，并命名为 MicroCAD，是 AotoCAD 的雏形，无菜单，命令需要背，其执行方式类似 DOS 命令。

（2）AutoCAD V1.2　1983 年 4 月出版，具备尺寸标注功能。

（3）AutoCAD V1.3　1983 年 8 月出版，具备文字对齐及颜色定义功能，图形输出功能。

（4）AutoCAD V1.4　1983 年 10 月出版，图形编辑功能加强。

（5）AutoCAD V2.0　1984 年 10 月出版，图形绘制及编辑功能增加。

（6）AutoCAD V2.17　1985 年出版，出现了 Screen Menu，命令不需经背，Autolisp 初具雏形。

（7）AutoCAD V2.5　1986 年 7 月出版，Autolisp 有了系统化语法。

（8）AutoCAD V2.6　1986 年 11 月出版，新增 3D 功能。

（9）AutoCAD R8.0　1987 年 5 月出版，进一步完善 V2.6，标志着 AutoCAD 绘图软件产品开始走向成熟。

（10）AutoCAD R9.0　1988 年 2 月出版，出现了状态行下拉式菜单。

（11）AutoCAD R10.0　1988 年 10 月出版，进一步完善 R9.0。

（12）AutoCAD R11.0　1990 年 8 月出版，增加了 AME（Advanced Modeling Extension）。

（13）AutoCAD R12.0　1992 年 8 月出版，其源代码全部重写，并首次提供了 Windows 版本，采用 Dos 与 Windows 两种操作环境，出现了工具条。

（14）AutoCAD R13.0　1994 年 11 月出版，AME 纳入 AutoCAD 之中。

（15）AutoCAD R14.0　1997 年 4 月出版，完全基于 Windows 操作系统的版本，适应 Pentium 机型及 Windows95/NT 操作环境，实现与 Internet 网络连接，实现中文操作。

（16）AutoCAD 2000　1999年3月出版，被称为跨世纪的产品，提供了更开放的二次开发环境，出现了Vlisp独立编程环境，同时3D绘图及编辑更方便。

（17）AutoCAD 2002　2001年9月出版，进一步完善AutoCAD 2000。

（18）AutoCAD 2004　2003年5月出版，在速度、数据共享和软件管理方面有显著的改进和提高。

（19）AutoCAD 2005　2005年1月出版，提供了更为有效的方式来创建和管理包含在最终文档中的项目信息，显著地节省时间，得到更为协调一致的文档并降低了风险。

（20）AutoCAD 2006　2006年3月出版，增加了动态输入功能，增强了图案填充和表格等功能。

（21）AutoCAD 2007　2006年3月出版，拥有强大直观的界面，可以轻松而快速地进行外观图形的创形和修改，致力于提高3D设计效率。

（22）AutoCAD 2008　2007年12月出版，提供了创建、展示、记录和共享的功能，提高设计人员制作设计文档的能力，并将惯用的AutoCAD命令和熟悉的用户界面与更新的设计环境结合起来，在运行速度、图形处理、网络功能等方面有了进一步的完善与提高。

（23）AutoCAD 2012　2011年12月出版，产品涵盖一系列功能强大的行业客制化设计工具，支持专业人士发掘创意、记录设计，并借由可靠的DWG技术进行协作；此外，新版本可与AutoCADWS网络和行动应用程序直接连接。

（24）AutoCAD 2014　2013年5月出版，产品新增了许多特性，比如win8触屏操作，文件格式命令行增强，即时交流社会化合作设计，现实场景中建模等。

0.2　AutoCAD 的功能

AutoCAD自问世以来，经历了二十多次升级，其每一次升级，性能和功能方面都有较大的增强，同时保证与低版本完全兼容。AutoCAD 2008软件具有如下功能。

（1）绘图功能　AutoCAD提供了丰富的绘图命令，可以绘制二维图形和三维图形，能以多种方式创建直线、圆、椭圆、多边形、样条曲线等基本图形对象，还可以利用三维绘图命令，绘制圆柱体、球体和长方体等基本实体。

（2）辅助绘图功能　AutoCAD提供了正交、极轴追踪、对象捕捉、捕捉追踪等绘图辅助工具，正交功能使用户可以很方便地绘制水平、竖直直线，极轴功能使用户可以方便地绘制斜线，捕捉功能可帮助拾取几何对象上的特殊点，而追踪功能可沿不同方向进行定位。

（3）编辑功能　AutoCAD具有强大的编辑功能，可以移动、复制、旋转、陈列、拉伸、延长、修剪、缩放对象等。

（4）标注功能　可以创建多种类型尺寸，标注外观可以自行设定，可以进行尺寸标注、引线标注、公差标注及表面粗糙度标注等。

（5）文字功能　能在图形的任何位置、沿任何方向书写文字，可设定文字字体、倾斜角及宽度缩放比例等属性。

（6）图层管理功能　能使图形的各种信息清晰、有序，便于观察，而且也绘给图形的编辑和输出带来很大的方便。

（7）显示控制功能　使用"缩放"、"平移"、"鹰眼"、"扫视"等，以各种方式来显示和观看图形。

（8）网络功能　可将图形在网络上发布，或是通过网络仿问 AutoCAD 资源，获得有关帮助。

（9）数据管理功能　AutoCAD 提供了多种图形图像数据交换格式及相应命令。

（10）二次开发功能　AutoCAD 允许用户定制菜单和工具栏，并能利用内嵌语言 Autolisp、Visual Lisp、VBA、ADS、ARX 等进行二次开发。

0.3　AutoCAD 的用途

AutoCAD 2008 具有直观的图形操作界面，超强的辅助绘图工具，完备的二维绘图功能，强大的三维造型手段，快捷的网络互动环境的特点，并且能够支持多种硬件设备和操作平台，使用方便，易学易用。因此，它广泛应用于机械设计、土木建筑、装饰装潢、城市规划、园林设计、电子电路、服装鞋帽、航空航天、轻工化工等诸多领域。

（1）工程制图　机电工程、建筑工程、装饰设计、环境艺术设计、土木施工等。

（2）工业制图　精密零件、模具、设备等。

（3）服装加工　服装制版。

（4）电子工业　印刷电路板设计。

在不同的行业中，Autodesk 开发了行业专用的版本和插件。

（1）在机械设计与制造行业中发行了 AutoCAD Mechanical 版本。

（2）在电子电路设计行业中发行了 AutoCAD Electrical 版本。

（3）在勘测、土方工程与道路设计发行了 Autodesk Civil 3D 版本。

（4）在学校教学及一般没有特殊要求公司所用的一般都是 AutoCAD Simplified 版本，所以 AutoCAD Simplified 基本上算是通用版本。

0.4　AutoCAD 的学习方法

要学好 AutoCAD 并不困难，主要是掌握操作的方法和技巧。

在学习过程中，要做到"多闻、多炼、多总结"。

（1）多闻　多闻包括多听、多问和多看。在课堂上认真听讲，将作图的方法和步骤做好记录，有不会的地方虚心请教会用的人，而 AutoDesk 软件公司提供的帮助菜单就是个很好的老师，学会查找相关操作中出现的问题；在课后多看书，有条件的还可以通过网络和视频学习 AutoCAD。

（2）多练　初学者通过多练习，可以掌握 AutoCAD 各种命令的使用，掌握基本的绘图技能；进阶者通过多练习，可以掌握多种操作方法和作图技巧，提高作图的效率。

（3）多总结　学无止境，在学习中善于总结和归纳，作图技能将会有较快的提高，掌握适合自己的作图方法和技巧。

在学习过程中，要注意下面几个方面。

（1）打好基础　机械制图是学习 AutoCAD 的基础，要学好 AutoCAD，需要一定的画法几何的知识和能力，更需要一定的识图能力。

（2）学教于乐　AutoCAD 作图的过程，是学习的过程，同时也是一种娱乐的过程，要在不断的学习和提高过程中寻找乐趣。学教于乐，才能更投入地学习，真正成为 AutoCAD 的高手。

（3）学以致用　在学习 AutoCAD 命令时始终要与实际应用相结合，不要把主要精力花费在各个命令孤立地学习上，要多做综合实例，把学以致用的原则贯穿到整个学习过程中，培养自己应用 AutoCAD 独立完成绘图的能力。

模块一

计算机绘图基础知识

第1章 AutoCAD基础

本章主要介绍 AutoCAD 2008 的启动退出、绘图界面、图形文件管理、绘图环境设置、坐标系统及输入方法、辅助绘图工具、图形显示控制等基础知识，为绘制图形做好准备。

1.1 AutoCAD 的启动和退出

1.1.1 AutoCAD 的启动

AutoCAD 2008 安装完毕后，在操作系统"桌面"上会生成一个快捷方式图标，如图1-1所示。

图 1-1　AutoCAD
2008 快捷方式图标

启动 AutoCAD 2008 常用的方法有以下三种。

方法一：双击 AutoCAD 2008 快捷图标。

方法二：在 AutoCAD 2008 快捷图标单击右键→打开。

方法三：单击"开始→程序→Autodesk→AutoCAD 2008"。

执行以上启动方法之一后，将打开 AutoCAD 2008 系统。

1.1.2 AutoCAD 的退出

如果要退出 AutoCAD 系统，常用的方法有以下三种。

方法一：单击 AutoCAD 2008 程序窗口右上角的"关闭"按钮 ⊠ 。

方法二：单击下拉菜单"文件→退出"。

方法三：在命令提示行键入"quit"，并按"回车"键。

执行以上方法之一后，若当前图形发生修改且未保存，将弹出"保存"提示对话框，询问用户是否需要保存，如图 1-2 所示，各选择项含义如下。

"是（Y）"：保存并关闭 AutoCAD 系统。

"否（N）"：不保存，直接关闭 AutoCAD 系统。

"取消"：取消"关闭"操作，继续作图。

1.2 AutoCAD 的绘图界面

如果第一次打开 AutoCAD 2008，系统会弹出一个"新功能专题研习"窗口，如图 1-3 所示。内有三个选项，各选择项含义如下。

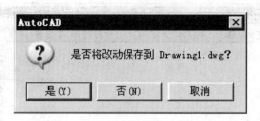

图 1-2　"保存"提示对话框

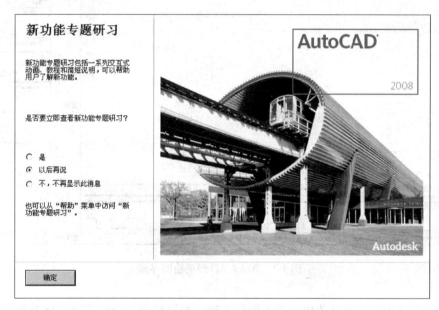

图 1-3　新功能专题研习对话框

"是"：进入新功能专题研习。

"以后再说"：在下次启动时系统会再次弹出一个"新功能专题研习"窗口。

"不，不再显示此消息"：以后都不会自动弹出"新功能专题研习"窗口。

选择后两项，直接进入 AutoCAD 2008 绘图界面。AutoCAD 2008 为用户提供了"AutoCAD经典"和"三维建模"两种工作空间模式。对于习惯于 AutoCAD 传统界面的用户来说，可以采用"AutoCAD 经典"工作空间。AutoCAD 2008 绘图界面主要由菜单栏、工具栏、绘图窗口、文本窗口与命令行、状态栏、控制台等元素组成，如图 1-4 所示。

（1）标题栏　标题栏位于应用程序窗口的最上面，用于显示当前正在运行的程序名及文件名等信息，如果是 AutoCAD 默认的图形文件，其名称为 DrawingN. dwg（ N 是数字）。单击标题栏右端的按钮，可以最小化、最大化或关闭应用程序窗口。标题栏最左边是应用程序的小图标，单击它将会弹出一个 AutoCAD 窗口控制下拉菜单，可以执行最小化或最大化窗口、恢复窗口、移动窗口、关闭 AutoCAD 等操作。

（2）下拉菜单　下拉菜单位于标题栏下方。由"文件"、"编辑"、"视图"、"插入"、"格式"、"工具"、"绘图"、"标注"、"修改"、"窗口"、"帮助"等下拉菜单组成，在这些菜单中，几乎包括了 AutoCAD 中全部的功能和命令。

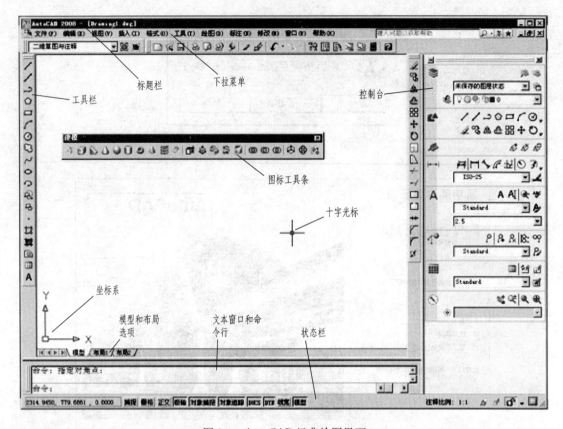

图 1-4　AutoCAD 经典绘图界面

　　将光标移到相应的下拉菜单，单击鼠标左键，即可拉出对应的菜单，再沿着下拉菜单找到要选用的命令，单击鼠标左键就能执行该命令。某些下拉菜单项目的右边有一个黑色的小三角形，只要将鼠标移到该项目上，停留片刻，即可在右边弹出该项目的下一级菜单，如图 1-5 所示。

　　（3）工具栏　工具栏是应用程序调用命令的另一种方式，由工具条组成，它包含许多由图标表示的命令按钮。在绘图过程中，使用工具条图标启动命令较为直观和快捷。在 Auto-CAD 2008 中，系统共提供了三十多个已命名的工具条，在默认情况下，常用的"标准"、"图层"、"绘图"和"修改"等工具条处于打开状态。如果要显示当前隐藏的工具栏，可在任意工具条上单击鼠标右键，此时将弹出一个快捷菜单，如图 1-6 所示，通过选择命令可以显示或关闭相应的工具条，打开工具条后，可拖放工具条在适当的位置。

　　（4）绘图窗口　在 AutoCAD 中，绘图窗口是用户绘图的工作区域，所有的绘图结果都反映在这个窗口中。可以根据需要关闭其周围和里面的各个工具条，以增大绘图空间。如果图纸比较大，需要查看未显示部分时，可以拖动窗口右边与下边滚动条上的滑块来移动图形，或采用"平移"和"缩放"图形查看未显示的部分。

　　在绘图窗口中除了显示当前的绘图结果外，还显示了当前使用的坐标系类型以及坐标原点、X 轴、Y 轴、Z 轴的方向等。默认情况下，坐标系为世界坐标系（WCS）。绘图窗口的下方有"模型"和"布局"选项卡，单击其标签可以在模型空间和图纸空间之间进行切换。

图 1-5 下拉菜单和下一级菜单　　　　　　图 1-6 "工具栏"快捷菜单

另外，绘图区的背景颜色可以选择下拉菜单"工具→选项"，打开"选项"对话框，点击"显示"按钮，再点击"颜色"按钮，打开"图形窗口颜色"对话框，可以根据需要选择背景颜色。

（5）命令行与文本窗口　"命令行"窗口位于绘图窗口的底部，用于接收用户输入的命令，并显示 AutoCAD 的提示信息，提示信息可以帮助用户按提示进行操作，对初学者尤为有用。"命令行"在默认状态下显示三行，"命令行"窗口可以拖放为浮动窗口。

"文本窗口"是记录 AutoCAD 命令的窗口，是放大的"命令行"窗口，它记录了已执行的命令，也可以用来输入新命令。在 AutoCAD 2008 中，可以选择"视图→显示→文本窗口"或按 F2 键，打开 AutoCAD 文本窗口。

（6）状态栏　状态栏用来显示 AutoCAD 当前工作的状态。在绘图窗口中移动光标时，状态栏的"坐标"区将动态地显示当前坐标值，坐标显示取决于所选择的模式和程序中运行的命令，共有"相对"、"绝对"和"无"3 种模式。

状态行中还包括"捕捉"、"栅格"、"正交"、"极轴"、"对象捕捉"、"对象追踪"、"DUCS"、"DYN"、"线宽"、"模型"（或"图纸"）10 个功能按钮，可作为辅助绘图工具。

状态行右侧分别是"注释比例"、"挂锁 🔓 "和"全屏显示 ▣ ",各项含义如下:

"注释比例"是与模型空间、布局视口和模型视图一起保存的设置,用户可以使用状态栏来更改注释比例等设置。

🔓 解锁(/锁定)工具栏和可固定窗口的位置和大小。

▣ 全屏(/非全屏)显示窗口。

(7)控制台 包括图层、绘图、标注、文字等控件,选择其中的按钮,可快速打开对应的命令或功能,提高工作效率。为了增大绘图区域,可将控制台关闭。

1.3 图形文件的管理

在 AutoCAD 2008 中,图形文件管理包括创建新的图形文件、打开已有的图形文件、关闭图形文件以及保存图形文件等操作。

1.3.1 创建图形文件

(1)功能 创建一个新的图形文件。

(2)启动方法

方法一:点击"标准"工具栏图标 ▢ 。

方法二:单击下拉菜单"文件→新建"。

方法三:在命令行输入"new",并按"回车"键。

(3)操作方法 执行以上启动方法之一后,打开"选择样板"对话框。在"选择样板"对话框中,可以在"名称"列表框中选中某一样板文件,这时在其右面的"预览"框中将显示出该样板的预览图像,如图 1-7 所示。单击"打开"按钮,可以以选中的样板文件为样板创建新图形,此时会显示图形文件的布局。如果不使用选择样板建一个新文件,点击"打开"按钮右侧按钮 ▾ ,在弹出的下拉菜单中可选择"无样板打开—公制"选项,此时,创建了一个没有使用任何样板文件的新建图形文件。

1.3.2 保存图形文件

(1)功能 将绘制图形以文件形式存入磁盘。

(2)启动方法

方法一:点击"标准"工具栏图标 💾 。

方法二:单击下拉菜单"文件→保存"。

方法三:在命令行输入"save",并按"回车"键。

方法四:单击下拉菜单"文件→另存为"(将当前图形以新的名称保存)。

(3)操作方法 执行以上启动方法之一后,在第一次保存创建的图形时,系统将打开"图形另存为"对话框,如图 1-8 所示,用户可输入图形文件的文件名和指定保存位置,点击"保存"按钮。默认情况下,文件以"AutoCAD 2007 图形(∗.dwg)"格式保存,也

图 1-7　"选择样板"对话框

可以在"文件类型"下拉列表框中选择其他格式，如"AutoCAD 2004/LT2004 图形（＊.dwg）"格式，使图形文件可在 AutoCAD 2004 版以上版本中打开使用。

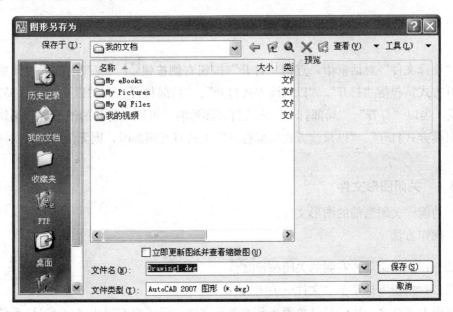

图 1-8　"图形另存为"对话框

1.3.3　打开图形文件

（1）功能　打开已有的图形文件。

（2）启动方法

方法一：点击"标准"工具栏图标 。

方法二：单击下拉菜单"文件→打开"。

方法三：在命令行输入"open"，并按"回车"键。

（3）操作方法　执行以上启动方法之一后，打开"选择文件"对话框，如图 1-9 所示。选择需要打开的图形文件，在右面的"预览"框中将显示出该图形的预览图像。默认情况下，打开的图形文件的格式为 .dwg。

图 1-9　"选择文件"对话框

在"选择文件"对话框中，点击"打开"按钮右侧按钮 ，在弹出的下拉菜单中可以选择打开方式，包括"打开"、"以只读方式打开"、"局部打开"和"以只读方式局部打开" 4 种方式。当以"打开"、"局部打开"方式打开图形时，可以对打开的图形进行编辑，如果以"以只读方式打开"、"以只读方式局部打开"方式打开图形时，则无法对打开的图形进行编辑。

1.3.4　关闭图形文件

（1）功能　关闭当前的图形文件。

（2）操作方法

方法一：点击菜单栏右侧的关闭按钮 。

方法二：单击下拉菜单"文件→关闭"。

执行以上方法之一后，只是关闭当前的图形文件，但还没有退出 AutoCAD 系统，仍可以继续 AutoCAD 的其他操作。

如果当前图形没有存盘，系统将弹出 AutoCAD 警告对话框，询问是否保存文件，如图 1-10 所示，各选择项含义如下。

"是（Y）"：保存当前图形文件并将其关闭。

"否（N）"：关闭当前图形文件但不存盘。

"取消"：取消关闭当前图形文件操作，既不保存也不关闭。

如果当前所编辑的图形文件没有命名，那么单击"是（Y）"按钮后，AutoCAD 会打

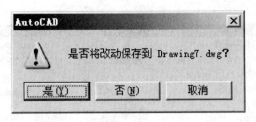

图 1-10 "文件保存"提示对话框

开"图形另存为"对话框（见图 1-8），要求用户确定图形文件存放的位置和名称。

1.4 绘图环境设置

通常情况下，安装好 AutoCAD 2008 后就可以在默认状态下绘制图形，但由于每个用户的使用习惯不同或每次作图的环境需求不同，用户在使用 AutoCAD 时需要对初始环境进行必要的设置。

1.4.1 "选项"对话框

（1）功能 方便用户自定义系统配置。

（2）操作方法

方法一：选择下拉菜单"工具→选项"。

方法二：在命令行输入"options"，并按"回车"键。

执行以上方法之一后，打开"选项"对话框，如图 1-11 所示。在该对话框中包含"文件"、"显示"、"打开和保存"、"打印和发布"、"系统"、"用户系统配置"、"草图"、"三维建模"、"选择集"和"配置"10 个选项卡。各选项卡功能如下。

"文件"：配置系统支持的搜索路径、文件名和文件位置，如自定义菜单、自定义填充等。

"显示"：配置系统的窗口显示、显示精度和性能、布局、光标大小等。

"打开和保存"：配置文件保存的版本、最近打开的文件、自动保存、加密等。

"打印和发布"：配置系统的打印设备、路径及其他打印选项等。

"系统"：配置三维绘图的性能、定点设备、布局重生成、数据库连接和基本选项等。

"用户系统配置"：配置鼠标使用习惯、windows 标准操作、插入比例、数据输入选项等。在 windows 标准操作选项中，取消"在绘图区域中使用快捷菜单"的复选框，可取消单击右键快捷菜单，提高作图速度。

"草图"：配置自动捕捉、捕捉标记大小、自动追踪、拾取框大小、对齐选项等。

"三维建模"：配置三维十字光标、UCS 图标、素线数目、三维导航选项等。

"选择集"：配置拾取框大小、夹点大小、颜色、数量和选择集模式等。

"配置"：方便用户自定义、命名、保存和调用配置。

1.4.2 绘图单位设置

（1）功能 AutoCAD 提供了各种绘图单位，用户在绘图前可以通过"图形单位"对话框进行绘图单位设置。

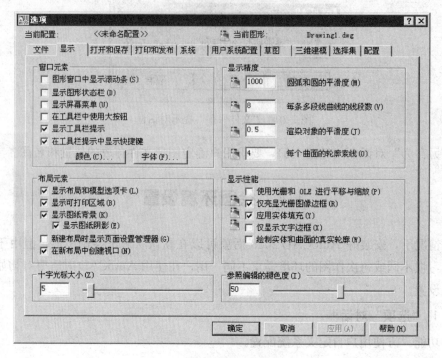

图 1-11 "选项"对话框

（2）操作方法

方法一：选择下拉菜单中"格式→单位"。

方法二：在命令行输入"units"，并按"回车"键。

执行以上方法之一后，在打开的"图形单位"对话框，如图 1-12 所示。设置绘图时使用的长度单位、角度单位，以及单位的显示格式和精度等参数，各选择项含义如下。

"长度类型"：分数/工程/建筑/科学/小数。

"长度精度"：选择精度的高低。根据类型不同，精度也有不同。

"角度类型"：百分度/度分秒/弧度/勘测单位/十进制度数。

"角度精度"：选择精度的高低。根据类型不同，精度也有不同。

"插入比例"：用于缩放插入内容。

"光源"：指定光源强度。

"方向"按钮：指定基准角度。

在计算机绘图员考证中，在长度单位取十进制，精度取小数点后 3 位；角度单位取"度/分/秒"，精度取"0d"。

1.4.3 绘图区域设置

（1）功能 在 AutoCAD 2008 中，用户不仅可以通过设置参数选项和图形单位来设置绘图环境，还可以设置绘图的工作区域和图样边界，通过"图形界限"进行绘图区域设置。

（2）启动方法

方法一：选择下拉菜单中"格式→图形界限"。

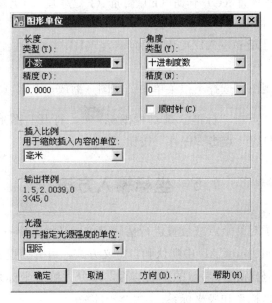

图 1-12　"图形单位"对话框

方法二：在命令行输入"limits"，并按"回车"键。

（3）操作方法　执行以上的启动方法之一后，按命令行提示操作如下。

命令：´_limits

重新设置模型空间界限：

指定左下角点或［开（ON）/关（OFF）］＜0.0000，0.0000＞：（注：可直接按"回车"键，以"0，0"作为模型空间的左下角点）

指定右上角点＜420.0000，297.0000＞：（注：根据模型空间大小输入坐标值作为模型空间的右上角点，并按"回车"键。系统默认是 A3 横放图幅）

（4）示例　设置 A4 横放图幅，如图 1-13 所示，并以 A4 为文件名保存在 D 盘。

分析：先设置 A4 横放图幅的图形界限，为了显示图幅，在图幅边界画矩形线框，并全部放大显示。

操作步骤如下。

步骤一：设置图形界限。启动"图形界限"，按命令行提示操作。

命令：´_limits

重新设置模型空间界限：

指定左下角点或［开（ON）/关（OFF）］＜0.0000，

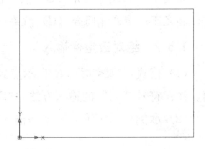

图 1-13　设置 A4 横放图幅示例

0.0000＞：（注：按"回车"键）

指定右上角点＜420.0000，297.0000＞：（注：输入"297，210"，按"回车"键）

步骤二：画出 A4 图幅的边框。用矩形命令作图幅边框（矩形命令在 3.5 中讲述），点击"绘图"工具栏图标，启动矩形命令，按命令行提示操作。

命令：_rectang

指定第一个角点或［倒角（C）/标高（E）/圆角（F）/厚度（T）/宽度（W）］：（注：输入"0，0"，按"回车"键）

指定另一个角点或［面积（A）/尺寸（D）/旋转（R）］：（注：输入"297，210"，按"回车"键）

步骤三：全屏放大视图。选择下拉菜单中"视图→缩放→全部（A）"。

步骤四：保存文件。点击"标准"工具栏图标 💾，打开"图形另存为"对话框，以"A4"为文件名保存在D盘，点击"保存"按钮。

1.5 坐标输入方法

在绘图过程中，为了对某个点或位置进行精确定位，必须选择一个坐标系作为参考。坐标系的分类有多种，按照AutoCAD中默认和自定义方式，可分为世界坐标系（WCS）和用户坐标系（UCS）；按照坐标值参考点的运动与否，可分为绝对坐标系和相对坐标系；按照坐标不同，可分为直角坐标系和极坐标系。

坐标输入即是由键盘键入点的坐标，常用的坐标输入方法有绝对直角坐标输入、绝对极坐标输入、相对直角坐标输入、相对极坐标输入4种。

1.5.1 绝对直角坐标输入

（1）格式："$X，Y$" X表示点的X轴坐标值，Y表示点的Y轴坐标值。

（2）示例 采用绝对直角坐标输入法绘制如图1-14所示的三角形。

操作方法：用直线命令作三角形（直线命令在3.1中讲述），点击"绘图"工具栏图标 ✏️，启动直线命令，按命令行提示操作。

命令：_line 指定第一点：（注：输入"50，50"，按"回车"键，确定A点）

指定下一点或［放弃（U）］：（注：输入"150，50"，按"回车"键，确定B点）

指定下一点或［放弃（U）］：（注：输入"150，170"，按"回车"键，确定C点）

指定下一点或［闭合（C）/放弃（U）］：（注：输入"c"，按"回车"键，闭合图形）

1.5.2 绝对极坐标输入

（1）格式："$R<\alpha$" R表示点到原点的距离，α表示点的极轴方向与X轴正方向的夹角。注：符号"$<$"的输入方法："Shift键"＋"，"。

（2）示例 采用绝对极坐标输入法绘制如图1-15所示三角形。

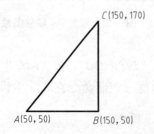

图1-14 绝对直角坐标输入示例

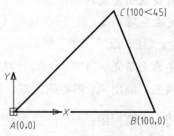

图1-15 绝对极坐标输入示例

操作方法：启动直线命令，按命令行提示操作。

命令：_line 指定第一点：（注：输入"0，0"，按"回车"键，确定 A 点）

指定下一点或［放弃（U）］：（注：输入"100，0"，按"回车"键，确定 B 点）

指定下一点或［放弃（U）］：（注：输入"100＜45"，按"回车"键，确定 C 点）

指定下一点或［闭合（C）/放弃（U）］：（注：输入"c"，按"回车"键）

1.5.3　相对直角坐标输入

（1）格式："@X，Y" @表示相对坐标，相对直角坐标输入的每一坐标点都是以前一坐标点为基准点（设为原点），X 表示该点相对基准点的 X 轴坐标值，Y 表示该点相对基准点的 Y 轴坐标值。注：符号@的输入方法："Shift 键"+"2"。

（2）示例　采用相对直角坐标输入法绘制如图 1-16 所示三角形。

分析：B 点相对 A 点的 X 轴坐标值增加 80，Y 轴坐标值不变，B 点相对直角坐标为"@80，0"，C 点相对 B 点的 X 轴坐标值不变，Y 轴坐标值增加 100，C 点相对直角坐标为"@0，100"。

操作方法：启动直线命令，按命令行提示操作。

命令：_line 指定第一点：（注：在绘图区点击鼠标左键指定任意点 A）

指定下一点或［放弃（U）］：（注：输入"@80，0"，按"回车"键，确定 B 点）

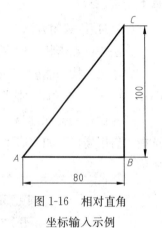

图 1-16　相对直角坐标输入示例

指定下一点或［放弃（U）］：（注：输入"@0，100"，按"回车"键，确定 C 点）

指定下一点或［闭合（C）/放弃（U）］：（注：输入"c"，按"回车"键）

1.5.4　相对极坐标输入

（1）格式："@R＜α" @表示相对坐标，相对极坐标输入的每一坐标点都是以前一坐标点为基准点（设为原点），R 表示该点到基准点的距离，α 表示该点与基准点之间的连线与 X 轴正方向的夹角。

（2）示例　采用相对直角坐标和相对极坐标输入法绘制如图 1-17 所示三角形。

分析：B 点相对 A 点的 X 轴坐标值增加 100，Y 轴坐标值不变，B 点相对直角坐标为"@100，0"，C 点到 B 点的距离为 50，BC 与 X 轴正方向的夹角为 120°，C 点相对极坐标为"@50＜120"。

操作方法：启动直线命令，按命令行提示操作。

命令：_line 指定第一点：（注：在绘图区点击鼠标左键指定任意点 A）

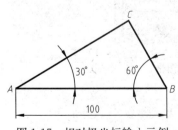

图 1-17　相对极坐标输入示例

指定下一点或［放弃（U）］：（注：输入"@100，0"，按"回车"键，确定 B 点）

指定下一点或［放弃（U）］：（注：输入"@50＜120"，按"回车"键，确定 C 点）

指定下一点或［闭合（C）/放弃（U）］：（注：输入"c"，按"回车"键）

1.6 辅助绘图工具

AutoCAD 提供了栅格与捕捉、正交模式、极轴追踪、对象捕捉和对象捕捉追踪、动态输入等辅助绘图工具。利用这些工具，可以方便、迅速、准确地绘出各种图形。

1.6.1 栅格和捕捉

（1）功能　栅格是点的方阵，遍布于整个图形界限，利用栅格可以方便用户精确绘图。栅格捕捉则是限制十字光标的移动距离（即栅格的距离），使十字光标落在被捕捉到的栅格上。

（2）打开/关闭方法

方法一：点击状态栏中的"栅格"按钮和"捕捉"按钮。

方法二：按功能键 F7 或快捷键 Ctrl＋G，打开或关闭"栅格"；按功能键 F9 或快捷键 Ctrl＋B，打开或关闭"捕捉"。

（3）设置捕捉和栅格　选择菜单命令"工具→草图设置"，打开"草图设置"对话框，选择"启用栅格"和"启用捕捉"，可对"捕捉间距"、"捕捉类型"等进行设置，如图 1-18 所示。

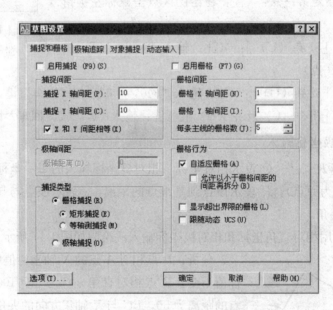

图 1-18　"草图设置"对话框：捕捉和栅格

1.6.2 正交模式

（1）功能　在正交模式下，可实现图形的快速绘制，但只能绘制平行于 X 轴或 Y 轴的直线，只能沿 X 轴或 Y 轴方向移动复制图形。

（2）打开/关闭方法

方法一：点击状态栏中的"正交"按钮。

方法二：按功能键 F8 或快捷键 Ctrl＋L。

（3）快速绘制直线的操作方法　启用正交模式后，移动光标确定直线方向，再直接输入线段长度 L，并按"回车"键。

（4）示例　在正交模式下，绘制如图 1-19 所示图形。

分析：图中直线平行于 X 轴或 Y 轴，可在正交模式下绘图。

操作步骤如下。

步骤一：打开正交模式。

步骤二：启动直线命令，按命令行提示操作。

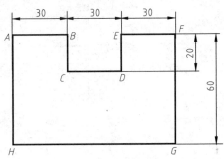

图 1-19　"正交模式"绘图示例

命令：_ line 指定第一点：（注：在绘图区点击鼠标左键指定任意点 A）

指定下一点或 ［放弃（U）］：（注：向右移动光标，输入"30"，按"回车"键，确定 B 点）

指定下一点或 ［放弃（U）］：（注：向下移动光标，输入"20"，按"回车"键，确定 C 点）

指定下一点或 ［闭合（C）/放弃（U）］：（注：向右移动光标，输入"30"，按"回车"键，确定 D 点）

指定下一点或 ［闭合（C）/放弃（U）］：（注：向上移动光标，输入"20"，按"回车"键，确定 E 点）

指定下一点或 ［闭合（C）/放弃（U）］：（注：向右移动光标，输入"30"，按"回车"键，确定 F 点）

指定下一点或 ［闭合（C）/放弃（U）］：（注：向下移动光标，输入"60"，按"回车"键，确定 G 点）

指定下一点或 ［闭合（C）/放弃（U）］：（注：向左移动光标，输入"90"，按"回车"键，确定 H 点）

指定下一点或 ［闭合（C）/放弃（U）］：（注：输入"c"，按"回车"键）

1.6.3　极轴追踪

（1）功能　在极轴追踪模式下，可以绘制任意角度的直线，可以沿与 X 轴任意夹角的方向移动复制图形。

（2）打开/关闭方法

方法一：点击状态栏中的"极轴"按钮。

方法二：按功能键 F10 或快捷键 Ctrl＋U。

（3）设置极轴追踪　在状态栏的"极轴"按钮处点击右键，选择"设置"，打开"草图设置"对话框，如图 1-20 所示。选择"启用极轴追踪"，在"草图设置"对话框"增量角"中输入角度值，并点击"确定"按钮。

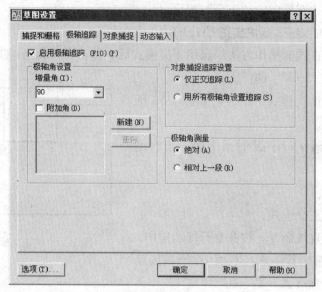

图 1-20　"草图设置"对话框：极轴追踪

对话框的各选项的含义如下。

"增量角"：用于设置极轴的增量角，AutoCAD 默认增量角为 90°，可重新输入增量角确定增量值。如在"增量角"设置为 45°，作图时把光标移动至 45° 及其倍数的方向时，AutoCAD自动捕捉到 45° 及其倍数的角度线（呈虚线显示），如图 1-21 所示。

(a) 自动捕捉到45°　　　　　　　　　　　　　(b) 自动捕捉到135°

图 1-21　极轴追踪，增量角设置为 45°

"附加角"：用于设置极轴的一些特殊角度。

（4）示例　启用极轴追踪，绘制如图 1-22 所示图形。

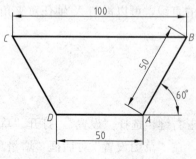

图 1-22　"极轴追踪"绘图示例

分析：图中直线 AB 的极轴为 60°，直线 BC 的极轴为 180°，直线 CD 的极轴为 300°，这些角度均为 60°的倍数。启用极轴追踪绘图，增量角设置为 60°。

操作步骤如下。

步骤一：设置增量角。在状态栏的"极轴"按钮处点击右键，选择"设置"，打开"草图设置"对话框，选择"启用极轴追踪"，在增量角中输入"60"，点击"确定"按钮。

步骤二：启动直线命令，按命令行提示操作。

命令：_line 指定第一点：（注：在绘图区点击鼠标左键指定任意点 A）

指定下一点或［放弃（U）］：（注：向极轴 60°方向移动光标，输入"50"，按"回车"键，确定 B 点）

指定下一点或［放弃（U）］：（注：向极轴 180°方向移动光标，输入"100"，按"回车"键，确定 C 点）

指定下一点或［闭合（C）/放弃（U）］：（注：向极轴 300°方向移动光标，输入"50"，按"回车"键，确定 D 点）

指定下一点或［闭合（C）/放弃（U）］：（注：输入"c"，按"回车"键）

1.6.4　对象捕捉

（1）功能　在绘图过程中，常需要在一些特殊几何点之间绘制图形，如过圆心绘制同心圆，过直线中点画直线等。AutoCAD 提供了对象捕捉功能；对象包括：端点、中点、圆心、节点、象限点、交点、延伸、插入点、垂足、切点、最近点、外观交点和平行，方便我们找到这些几何点，快速、准确地定位绘制图形。

（2）打开/关闭方法

方法一：点击状态栏中的"对象捕捉"按钮。

方法二：按功能键 F3 或快捷键 Ctrl＋F。

（3）设置对象捕捉　在状态栏的"对象捕捉"按钮处点击右键，选择"设置"，打开"草图设置"对话框，如图 1-23 所示。选择"启用对象捕捉"，根据作图需要选择"对象捕捉模式"，AutoCAD 默认的"对象捕捉模式"有端点、圆心、交点、延伸四种模式。

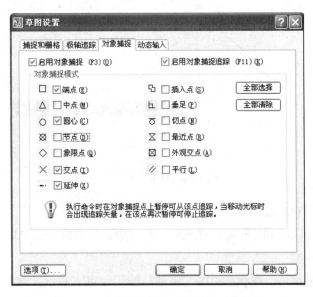

图 1-23　"草图设置"对话框：对象捕捉

1.6.5　对象捕捉追踪

（1）功能　启用对象捕捉只能捕捉对象上的点，对象捕捉追踪能沿着某些对象捕捉点的辅助线方向定位某些特殊点，也能指定与其他图形的相对位置关系等。

（2）打开/关闭方法

方法一：点击状态栏中的"对象追踪"按钮。

方法二：按功能键 F11 或快捷键 Ctrl＋W。

（3）对象追踪的模式　对象追踪的模式有距离追踪、极轴追踪、两端点先后追踪等，如图 1-24 所示。

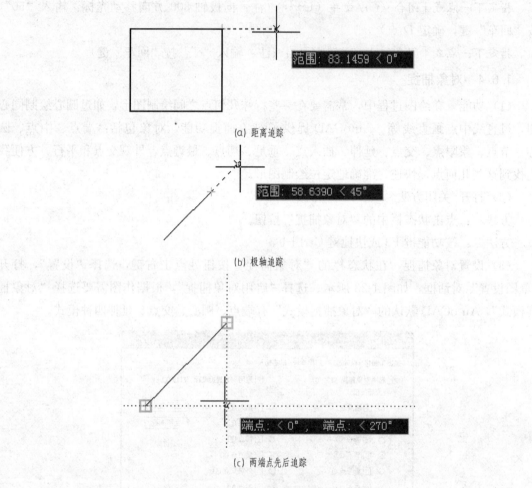

(a) 距离追踪

(b) 极轴追踪

(c) 两端点先后追踪

图 1-24　对象追踪的模式

（4）示例　启用对象捕捉追踪，绘制如图 1-25 所示图形。

分析：图中直线 AD 和 CD 的长度未知，用对象捕捉追踪方法可以快捷确定 D 点。

操作步骤如下。

步骤一：设置增量角。在状态栏的"极轴"按钮处点击右键，选择"设置"，打开"草图设置"对话框，选择"启用极轴追踪"，在增量角中输入"45"，点击"确定"按钮。

步骤二：打开对象捕捉和对象捕捉追踪。

步骤三：启动直线命令，按命令行提示操作。

命令：_line 指定第一点：（注：在绘图区点击鼠标左键指定任意点 A）

指定下一点或［放弃（U）］：（注：向极轴为270°方向移动光标，输入"40"，按"回车"键，确定 B 点）

指定下一点或［放弃（U）］：（注：向极轴为0°方向移动光标，输入"60"，按"回车"键，确定 C 点）

指定下一点或［闭合（C）/放弃（U）］：（注：将光标放在 A 点，向极轴为0°方向移动光标，直至与极轴45°方向产生交点，点击鼠标左键，确定 D 点，如图1-26所示）

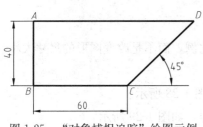

图1-25　"对象捕捉追踪"绘图示例

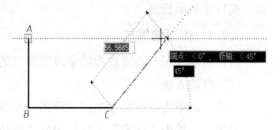

图1-26　对象捕捉追踪确定 D 点

指定下一点或［闭合（C）/放弃（U）］：（注：输入"c"，按"回车"键）

说明：在画三视图时，根据"长对正、高平齐"的投影规律，利用"对象捕捉"和"对象捕捉追踪"可方便捕捉各视图中的对应点。

1.6.6　动态输入

（1）功能　在绘图区的动态提示框中动态地输入绘图命令和相关的参数，使绘图更加直观。

（2）启动/关闭方法

方法一：点击状态栏中的"DYN"按钮。

方法二：按功能键F12。

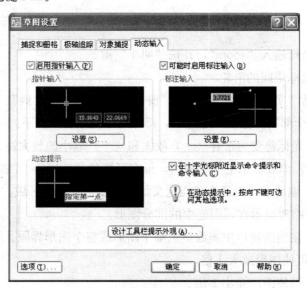

图1-27　"草图设置"对话框：动态输入

（3）设置动态输入　在状态栏的"DYN"按钮处点击右键，选择"设置"，打开"草图设置"对话框，如图 1-27 所示，用户可根据需要进行设置。

1.7　图形的显示控制

为方便用户查看图形中的位置和任何部位的细节，AutoCAD 提供了图形的缩放、平移、视口等显示控制。

1.7.1　图形的缩放

（1）功能　图形的缩放指的是改变视口的显示比例，而不是改变图形的尺寸大小。

（2）启动方法

方法一：单击下拉菜单中的"视图→缩放"，如图 1-28 所示。

方法二：单击"标准"工具栏中的"缩放"按钮，如图 1-29 所示。

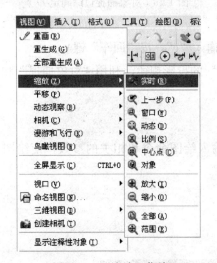

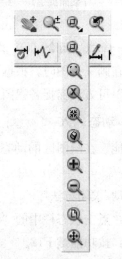

图 1-28　"缩放"菜单　　　　　　　　　　　图 1-29　"缩放"按钮

方法三：在命令行输入"zoom"，并按"回车"键。

方法四：滚动鼠标中间的滑轮。

图形的缩放包括"实时"、"上一步"、"窗口"、"动态"、"比例"、"中心点"、"对象"、"放大"、"缩小"、"全部"、"范围"等选项，部分常用选项含义如下。

"实时（R）"：光标将变为带有（＋）放大和（－）缩小的放大镜。

"上一步（P）"：缩放显示上一个视图，最多可恢复此前的 10 个视图。

"窗口（W）"：缩放显示由两个角点定义的矩形窗口框定的区域。

"动态（D）"：缩放显示在视图框中的部分图形。

"全部（A）"：在当前视口中缩放显示整个图形或整个图形界限。

"放大（I）"：可使图形放大 1 倍。

"缩小（O）"：可使图形缩小 1 倍。

（3）示例　用窗口缩放将图形放大，如图 1-30 所示。

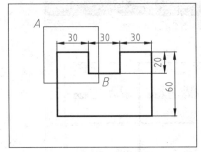
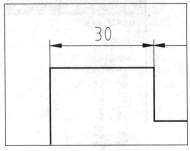

(a)窗口缩放前　　　　　　　　　(b)窗口缩放后

图 1-30　"窗口缩放"示例

操作方法：点击"窗口缩放"按钮 ，按命令提示操作。

命令：´_zoom

指定窗口的角点，输入比例因子（nX 或 nXP），或者

[全部（A）/中心（C）/动态（D）/范围（E）/上一个（P）/比例（S）/窗口（W）/对象（O）]＜实时＞：_w

指定第一个角点：（注：点击图中的 A 点）

指定对角点：（注：点击图中的 B 点）

1.7.2　图形的平移

（1）功能　平移图形是在不改变当前图形显示比例的前提下，观察当前屏幕窗口中图形的不同部位，相当于移动图纸。

（2）启动方法

方法一：单击"标准"工具栏图标 。

方法二：单击下拉菜单中的"视图→平移"。

方法三：在命令行输入"pan"，并按"回车"键。

方法四：按鼠标中间的滑轮并移动鼠标。

执行以上启动方法之一后，移动鼠标实现图形的平移。

1.7.3　使用视口显示图形

（1）功能　视口即窗口，用户可以通过创建一个或多个视口，从不同角度观察实体。如创建四个视口，可分别生成主视图、左视图、俯视图和轴测图。

（2）启动方法

方法一：选择下拉菜单中的"视图→视口→新建视口…"。

方法二：单击布局工具栏按钮 。

方法三：在命令行输入"vports"，并按"回车"键。

执行以上启动方法之一后，弹出"视口"对话框，如图 1-31 所示。用户可以根据自己的需要创建若干个视口，并定义新名称。

（3）示例　如图 1-32 所示，为实体创建主视图、左视图、俯视图和轴测图。

操作方法：执行"视口"命令，弹出"视口"对话框，进行如下设置。新名称 1，标

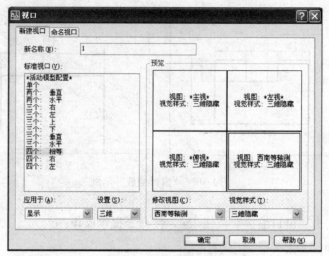

图 1-31 "视口"对话框

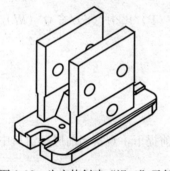

图 1-32 为实体创建"视口"示例

准视口选择"四个,相等",设置 三维 ,单击左上角视图,修改视图 主视 ,单击右上角视图,修改视图 左视 ,单击左下角视图,修改视图 俯视 ,单击右下角视图,修改视图 西南等轴测 ,点击"确定"按钮,如图 1-31 所示。创建的新视口如图 1-33 所示。

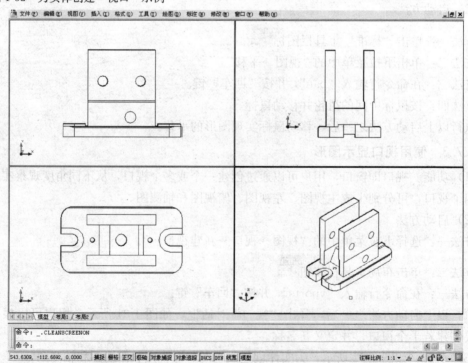

图 1-33 视口:主视图、左视图、俯视图和轴测图

习 题 1

1-1   根据图 1-34 所示的图形和尺寸，用直线命令和坐标输入方法画出平面图。

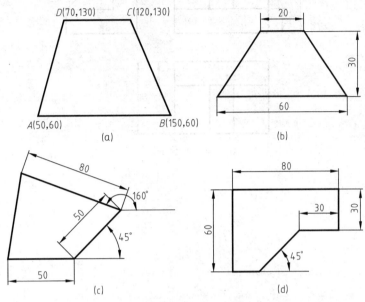

图 1-34   习题 1-1 图

1-2   根据图 1-35 所示的图形和尺寸，用直线命令和辅助绘图工具画出平面图。

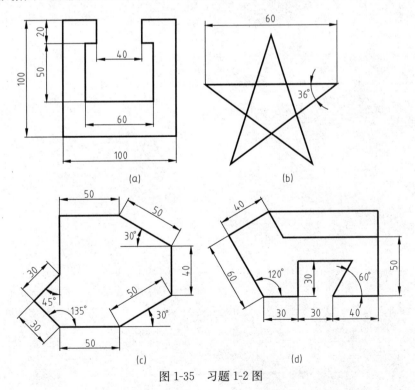

图 1-35   习题 1-2 图

1-3　用直线命令和辅助绘图工具画出图 1-36 所示的视图。

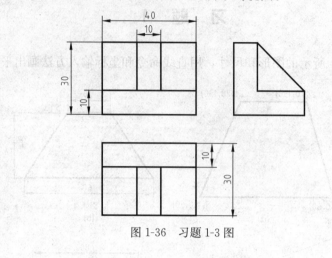

图 1-36　习题 1-3 图

第2章 图层及文字

在机械图样中,图形是由中心线、轮廓线、剖面线、波浪线等图线构成,通常要采用粗实线、细实线、虚线、点划线等线型来绘制图形。用图层来管理线型,将具有相同属性的线型放置于同一个图层,不仅能使图形的各种信息清晰、有序,便于观察,而且也会给图形的编辑和输出带来很大的方便。

文字对象是 AutoCAD 图形中很重要的图形元素,是机械制图中不可缺少的组成部分。一个完整的图样,通常都包含一些文字注释来标注图样中的一些非图形信息,例如,机械工程图形中的技术要求、装配说明、尺寸标注,以及标题栏的文字填写等。

在机械制图的标题栏中,线型有粗实线和细实线,也有文字填写。本章将以绘制标题栏为例,说明"图层"的使用及"文字"的输入。

2.1 图线的颜色、线型、线宽及文字的规定

国家标准(GB/T 17450—1998 和 GB/T 14665—1998)中对机械图样中的线型、样式、颜色和线宽等作出规定。在 AutoCAD 绘图时,参照国家标准,对各种线型、样式、名称、颜色、线宽及所在图层的名称按表 2-1 进行设置。

表 2-1 机械图样常用图线在 AutoCAD 图层中的表示方法

线 型	图线样式	线型名称	颜色	线宽	图层名称
粗实线	——————	Continuous	绿色	0.70	01
细实线	——————	Continuous	白色	0.35	02
虚线	- - - - - - - - -	ACAD_ISO02W100	黄色	0.35	04
点划线	— · — · — · —	ACAD_ISO04W100	红色	0.35	05
双点划线	— · · — · · —	ACAD_ISO05W100	洋红	0.35	07

2.2 图 层

在 AutoCAD 中,所有图形对象都具有图层、颜色、线型和线宽这 4 个基本属性,用户可以使用图层、颜色、线型和线宽绘制不同的对象和元素,方便控制对象的显示和编辑,从而提高绘制复杂图形的效率。图层的工具条如图 2-1 所示。

图 2-1 "图层"工具条

2.2.1 图层的设置

（1）功能 可执行和管理线型、颜色、线宽等属性。

（2）启动方法

方法一：点击"图层"工具栏图标 。

方法二：选择下拉菜单中"格式→图层（L）"。

方法三：在命令行输入"layer"，并按"回车"键。

（3）操作方法 执行以上启动方法之一后，屏幕弹出"图层特性管理器"对话框，如图 2-2 所示。在"图层特性管理器"对话框中，可对图层进行设置和管理。对话框中常用的选项按钮的含义如下。

：创建新图层。新图层将继承图层列表中当前选定图层的特性（颜色、开或关状态等）。

：删除图层。将选定图层标记为要删除的图层，单击"应用"或"确定"时，将删除这些图层，用户不能删除"0"图层、"Defpoints"图层、当前图层及已被参照的图层。

：置为当前。将选定图层设置为当前图层，在当前图层上绘制创建的对象。

"状态"：指示项目的类型，包括图层过滤器、正在使用的图层、空图层或当前图层。

"名称"：显示图层或过滤器的名称。

"颜色"：更改与选定图层关联的颜色。单击颜色列对应的图标，可以显示"选择颜色"对话框。

"线型"：更改与选定图层关联的线型。单击线型列对应的图标，可以显示"选择线型"对话框。

"线宽"：更改与选定图层关联的线宽。单击线宽列对应的图标，可以显示"线宽"对话框。图层设置的操作方法如下。

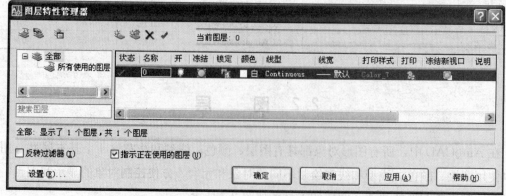

图 2-2 "图层特性管理器"对话框

① 新建图层及名称。开始绘制新图形时，AutoCAD 将自动创建一个名称为 "0" 的特殊图层。默认情况下，图层 0 将被指定使用白色（若将背景色设置为白色时，图层颜色就是黑色）、"Continuous" 线型、"默认" 线宽，用户不能删除或重命名 "0" 图层。

如果用户要使用更多的图层来组织图形，就需要先创建新图层。在 "图层特性管理器" 对话框中单击 "新建图层" 按钮，可以创建一个名称为 "图层 1" 的新图层。默认情况下，新建图层与当前图层的状态、颜色、线性、线宽等设置相同。当创建了图层后，图层的名称将显示在图层列表框中，如果要更改图层名称，可单击该图层名，然后输入一个新的图层名，并按 "回车" 键即可，如图 2-3 所示，新建图层名称为 "01"。

图 2-3　新建 "01" 图层

② 设置图层颜色。对不同的图层可以设置不同的颜色，绘制复杂图形时就可以容易区分图形的各部分。新建图层后，要改变图层的颜色，可在 "图层特性管理器" 对话框中单击图层的 "颜色" 列对应的图标，打开 "选择颜色" 对话框，如图 2-4 所示，选择颜色后单击 "确定" 按钮。

图 2-4　"选择颜色" 对话框

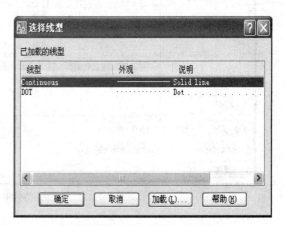

图 2-5　"选择线型" 对话框

③ 设置图层线型。在绘制图形时要使用线型来区分图形元素，这就需要对线型进行设置。在默认情况下，图层的线型为 "Continuous"，要改变线型，可在 "图层特性管理器" 对话框中单击 "线型" 列对应的线型，打开 "选择线型" 对话框，如图 2-5 所示。

在默认情况下，"选择线型" 对话框的 "已加载的线型" 列表框中只有 "Continuous" 一种线型，如果要选择其它线型，可单击 "加载（L）" 按钮，然后单击鼠标右键并选定 "全部选择"，再单击 "确定" 按钮，这样在 "已加载的线型" 列表框中就有所有的线型，最后选择一种所需的线型，并单击 "确定" 按钮。

④ 设置图层线宽。通过调整线宽大小，使图形中的线更宽或更窄，以符合机械制图的标准。要设置图层的线宽，可在 "图层特性管理器" 对话框中单击 "线宽" 列对应的线宽，

图 2-6 "线宽"对话框

打开"线宽"对话框，如图 2-6 所示，选择所需的线宽，最后单击"确定"按钮。

以上是设置 1 个图层的方法步骤，每设置一个图层，均要按上述方法步骤操作。在计算机绘图员考证中，"图层特性管理器"可参照图 2-7 进行设置，在设置完成后点击"确定"按钮，以保存设置。

为了达到更清晰的绘图效果，常需要设置线型比例因子。在 AutoCAD 中默认线型的比例因子为 1，而在实际绘图中常常需要修改线型比例因子，如将全局比例因子设置为 0.35，可达到更清晰的绘图效果，如图 2-8 所示。设置方法如下：选择下拉菜单中"格式→线型（N）"，打开"线型管理器"对话框，然后单击"显示细节"按钮，在"全局比例因子"中输入"0.35"，最后单击"确定"按钮，如图 2-9 所示。

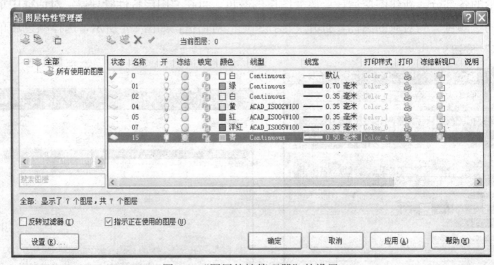

图 2-7 "图层特性管理器"的设置

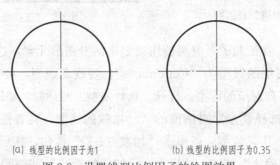

(a) 线型的比例因子为1　　　　　(b) 线型的比例因子为0.35

图 2-8 设置线型比例因子的绘图效果

2.2.2 图层的管理

在 AutoCAD 中，使用"图层特性管理器"对话框不仅可以创建图层，设置图层的颜

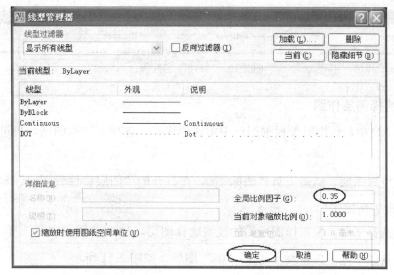

图 2-9 "线型管理器"对话框中设置全局比例因子

色、线型和线宽，还可以对图层进行更多的设置与管理，如图层的切换、重命名、删除及图层的状态控制等。

（1）设置当前图层 要将某个图层设置为当前图层，可在"图层特性管理器"对话框里的图层列表中选择图层，然后单击对话框右上角的 ✓ 按钮，所选图层即被设置为当前图层。

（2）删除图层 要删除多余的图层，可在"图层特性管理器"对话框的图层列表中选择图层，然后单击对话框右上角的 ✕ 按钮，所选图层在单击"应用"或"确定"按钮后即被删除。

（3）控制图层状态 图层有开、关、解冻、冻结、锁定、解锁等状态，在一般情况下，图层应处于开、解冻和解锁的状态。其各项状态的功能如下。

① 打开和关闭图层。

开 ⏻：可显示、打印和重生成图层上的对象。

关 ⏻：不显示和打印图层上的对象。打开图层时，不会重生成图形。

② 解冻和冻结图层。

解冻 ◎：可显示和打印图层上的对象。

冻结 ❄ ：不显示和打印图层上的对象。解冻图层时，将重生成图形。

③ 锁定和解锁图层。

解锁 🔓：可以修改图层上的对象。

锁定 🔒：不能修改图层上的任何对象，但仍可以将对象捕捉应用到锁定图层上的对象，并可以执行不修改这些对象的其他操作。

（4）图层特性"特性"工具条如图 2-10 所示，图层特性工具条有颜色、线型、线宽三个选项，在一般情况下，各项均选择"ByLayer"，表示"随层"的意思。

图 2-10 "特性"工具条

2.2.3 选择图层作图

在 AutoCAD 中，作图时要根据图形中不同的线型，选择不同的图层，再进行作图，操作步骤如下。

步骤一：设置图层。点击工具栏图标 ⚋，在打开的"图层特性管理器"对话框，参照 2.2.1 中所述设置所需图层。

步骤二：选择图层。根据作图所需的线型选择图层，如画点划线则要选择"05"图层，在"图层"工具条中点击按钮 ∨，选择"05"图层，如图 2-11 所示。

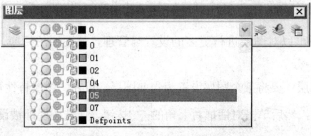

图 2-11 选择"05"图层

步骤三：用绘图命令进行作图。

示例：根据作图所需的线型，选择恰当的图层绘制如图 2-12（a）所示的图形。

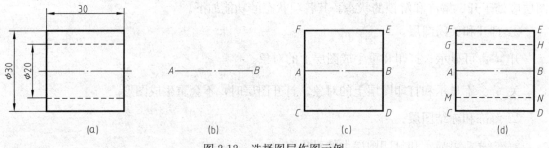

图 2-12 选择图层作图示例

分析：图形中有点划线、粗实线和虚线，需要分别选择 05 图层、01 图层和 04 图层作图。

操作步骤如下。

步骤一：设置图层。参照 2.2.1 中所述设置 01 图层、04 图层和 05 图层。

步骤二：选择 05 图层，作点划线 AB，如图 2-12（b）所示。

启动直线命令，按命令行提示操作。

命令：_line 指定第一点：（注：在绘图区点击鼠标左键指定任意点 A）

指定下一点或［放弃（U）］：（注：打开正交模式，向右移动光标，输入"30"，按"回车"键确定 B 点）

步骤三：选择 01 图层，作粗实线 *AC*、*CD*、*DE*、*EF* 和 *FA*，如图 2-12（c）所示。
启动直线命令，按命令行提示操作。

命令：_line 指定第一点：（注：打开对象捕捉，捕捉至 *A* 点并点击鼠标左键）

指定下一点或［放弃（U）］：（注：向下移动光标，输入"15"，按"回车"键，确定 *C* 点）

指定下一点或［放弃（U）］：（注：向右移动光标，输入"30"，按"回车"键，确定 *D* 点）

指定下一点或［闭合（C）/放弃（U）］：（注：向上移动光标，输入"30"，按"回车"键，确定 *E* 点）

指定下一点或［闭合（C）/放弃（U）］：（注：向左移动光标，输入"30"，按"回车"键，确定 *F* 点）

指定下一点或［闭合（C）/放弃（U）］：（注：输入"c"，按"回车"键）

步骤四：选择 04 图层，作虚线 *GH* 和 *MN*，如图 2-12（d）所示。

启动直线命令，按命令行提示操作。

命令：_line 指定第一点：（注：打开对象追踪，将光标放在 *A* 点，向上移动光标，输入"10"，按"回车"键，追踪确定 *G* 点）

指定下一点或［放弃（U）］：（注：向右移动光标，输入"30"，按"回车"键，确定 *H* 点）

作出直线 *GH*，用同样方法作直线 *MN*。

步骤五：用拉长命令对图形进行拉长 3mm（拉长命令在 4.10 中讲述），作出图 2-13（a）。

说明：在作图过程中，常常要修改线型。如：将图 2-13（a）所示的粗实线 *MN* 修改成虚线。操作方法如下。

方法一：选中要修改线型的直线 *MN*，再选择的 04 图层，按"Esc"键退出。

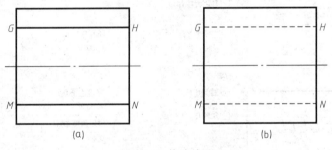

图 2-13　修改线型

方法二：用"特性匹配"命令来修改线型。点击"特性匹配"按钮 ✐，选择源对象为虚线 *GH*，再点击要修改的直线 *MN*。按"回车"键或"Esc"键退出。

粗实线 MN 修改成虚线，如图 2-13（b）所示。

2.3 文　字

在 AutoCAD 中，为使所写文字的字体、大小等符合要求，在写文字前要选择或设置文字样式，然后再输入文字。文字工具条可以通过右键单击 AutoCAD 界面任何工具栏，然后单击快捷菜单上的"文字"调出，"文字"工具条如图 2-14 所示。

图 2-14　文字工具条

2.3.1　文字样式设置

（1）功能　设置包括文字"字体"、"字型"、"高度"、"宽度系数"、"倾斜角"、"反向"、"倒置"以及"垂直"等参数。国家标准（GB/T 14691—1993）中对机械图样中的字体作出规定，在 AutoCAD 中，SHX 字体一般采用"gbeitc. shx"，大字体一般采用"gbcbig. shx"进行设置。

（2）启动方法

方法一：点击"文字"工具条图标 A。

方法二：选择下拉菜单中"格式→文字样式（S）"。

方法三：在命令行输入"style"，并按"回车"键。

（3）操作方法　执行以上启动方法之一后，屏幕弹出"文字样式"对话框。在计算机绘图员考证中，对"文字样式"对话框设置如下：点击"新建"按钮，在"新建文字样式"对话框的"样式名"中输入"机械"，点击"确定"按钮，则新建了"机械"的文字样式，然后在 SHX 字体中选"gbeitc. shx"，大字体中选"gbcbig. shx"，最后点击"应用"按钮，如图 2-15 所示。

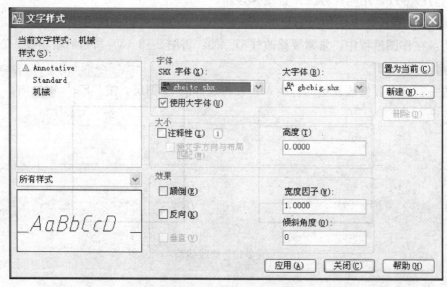

图 2-15　"文字样式"的设置

2.3.2　多行文字输入

（1）功能　可以方便地对文字进行录入和编辑。

（2）启动方法

方法一：点击工具栏图标 A 。

方法二：选择下拉菜单中"绘图→文字→多行文字（M）"。

方法三：在命令行输入"t"。

（3）操作方法　执行以上启动方法之一后，按命令行提示操作。

_ mtext 当前文字样式："机械"　文字高度：3.5　注释性：　否

指定第一个角点：(注：拾取录入文字的第一个角点)

指定对角点或［高度（H）/对正（J）/行距（L）/旋转（R）/样式（S）/宽度（W）/列（C）］：(注：拾取录入文字的第二个角点)

在上述操作完成后，弹出"文字格式"对话框（见图 2-16），可以输入或粘贴其他文件中的文字以用于多行文字。

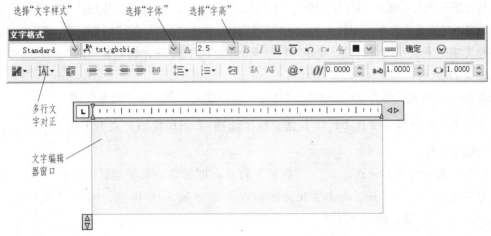

图 2-16　"文字格式"对话框

在计算机绘图员考证中，标题栏的"文字格式"可设置如下：文字样式选"机械"，字体选"gbeitc，gbcbig"，字高选"5"或"7"，然后在文字编辑器窗口中输入文字，多行文字对正选"正中"，最后点击"确定"按钮。

示例：按规定设置图层和"机械"文字样式，画出图 2-17 所示标题栏，并填写标题栏文字。

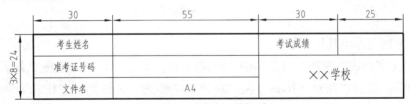

图 2-17　绘制标题栏示例

操作步骤如下。

① 设置 01 和 02 图层。以设置 01 图层为例，说明图层的设置方法。

步骤一：新建图层及名称。点击工具栏图标 ▧ ，打开"图层特性管理器"对话框，单击"新建图层"按钮 ▧ ，创建一个名称为"图层 1"的新图层，将名称"图层 1"改为"01"。

步骤二：设置图层颜色。单击图层的"颜色"列对应的图标，打开"选择颜色"对话框，选择颜色号为"3"的绿色，单击"确定"按钮。

步骤三：设置图层线型。01 图层的线型为"Continuous"，不需要修改设置。

步骤四：设置图层线宽。单击"线宽"列的对应线宽，打开"线宽"对话框，选择

"0.35"的线宽，单击"确定"按钮。

02图层的设置可参考01图层的设置，01和02图层设置完成后，点击"确定"按钮。

② 画标题栏，如图2-18所示。

步骤一：用直线命令作矩形 ABCD。选择01图层作图，点击工具栏图标 ✎，按命令行提示操作。

命令：_line 指定第一点：（注：打开正交模式，在绘图区点击鼠标左键指定任意点 A）

指定下一点或［放弃（U）］：（注：向上移动光标，输入"24"，按"回车"键，确定 B 点）

指定下一点或［放弃（U）］：（注：向右移动光标，输入"140"，按"回车"键，确定 C 点）

指定下一点或［闭合（C）/放弃（U）］：（注：向下移动光标，输入"24"，按"回车"键，确定 D 点）

指定下一点或［闭合（C）/放弃（U）］：（注：输入"c"，按"回车"键）

步骤二：用直线命令作 EF 等其他直线。选择02图层作图，点击工具栏图标 ✎，按命令行提示操作。

命令：_line 指定第一点：（注："极轴"打开，增量角为系统默认的90°，"对象捕捉"和"对象捕捉追踪"打开，将十字光标放在如图2-18所示的 B 点，向下移动光标，输入"8"，按"回车"键，确定 E 点）

指定下一点或［放弃（U）］：（注：向右移动光标，与直线 CD 产生极轴交点处，点击鼠标左键，按"回车"键，确定 F 点）

图2-18　画标题栏

用同样方法可作出其他直线。

③ 设置文字样式。选择下拉菜单中"格式→文字样式（S）"，打开"文字样式"对话框，设置如下：点击"新建"按钮，在"新建文字样式"对话框的"样式名"中输入"机械"，点击"确定"按钮，则新建了"机械"的文字样式，然后在 SHX 字体中选"gbeitc.shx"，大字体中选"gbcbig.shx"，最后点击"应用"按钮，如图2-15所示。

④ 输入文字："××学校"。启动"多行文字"命令，按命令行提示操作。

命令：_mtext 当前文字样式：　"h"　文字高度：　3.5　注释性：　否

指定第一角点：（注：捕捉图2-18所示的 F 点并点击鼠标左键）

指定对角点或［高度（H）/对正（J）/行距（L）/旋转（R）/样式（S）/宽度（W）/栏（C）］：（注：捕捉图2-18所示的 G 点并点击鼠标左键）

打开"文字格式"对话框，设置如下：文字样式选"机械"，字高选"7"，然后在文字编辑器窗口中输入"××学校"，多行文字对正选"正中"，最后点击"确定"按钮，完成文字"××学校"的输入。

其他"考生姓名"、"考生班级"、"文件名"、"考试成绩"等文字的输入，方法与上述

"××学校"的输入方法相同，字高选"5"。

2.3.3　特殊字符的输入

在 AutoCAD 2008 中，某些特殊字符不能用键盘直接输入，但可以通过"文字格式"对话框中的符号按钮 @▾ 选择字符，也可以通过输入控制码输出字符。常用的控制码见表 2-2。

表 2-2　常用的控制码

控制码	对应字符	输入实例	输出结果
％％D	度符号"⁰"	60％％D	60⁰
％％C	直径符号"ϕ"	％％C50	ϕ50
％％P	正负符号"±"	％％P0.05	±0.05

2.3.4　文字修改

（1）功能　可以方便地对已录入的文字进行修改。

（2）操作方法

方法一：可以用鼠标直接双击要修改的文字，然后对文字进行修改。

方法二：选中要修改的文字，点击"标准"工具栏对象特性图标 🖼️，进行文字修改（对象特性在 5.4.1 中讲述）。

习　题　2

2-1　设置图层、颜色、线型、线宽和线型比例，画出图 2-19 的线型，不标注尺寸。

2-2　设置 A4 图幅，竖放，用直线命令画图框和标题栏，并在 A4 图幅中抄画如图 2-20 所示的图形，不标注尺寸。

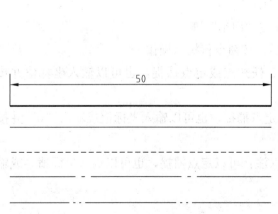

图 2-19　题 2-1 图

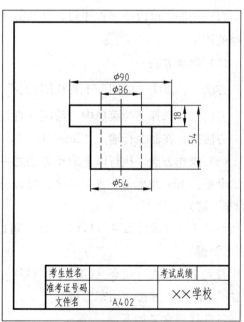

图 2-20　题 2-2 图

第3章 绘制二维图形

在 AutoCAD 中，绘制二维图形是指绘制主视图、左视图、俯视图等平面图形。使用"绘图"工具条或"绘图"菜单中的命令，可以绘制点、直线、圆、圆弧、椭圆和多边形等简单二维图形。二维绘图命令是整个 AutoCAD 绘图的基础，本章将分别介绍各个常用命令的功能和使用方法。

"绘图"工具栏中的每个按钮是图形化的绘图命令，如图 3-1 所示。

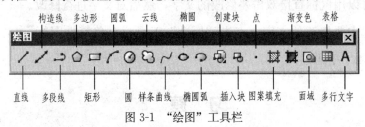

图 3-1 "绘图"工具栏

3.1 直 线 命 令

（1）功能 可以绘制直线段，是 AutoCAD 绘图最基本的命令，在前面章节已介绍过该命令的使用。

（2）启动方法

方法一：点击"绘图"工具栏图标 ⁄ 。

方法二：选择下拉菜单中"绘图→直线（L）"。

方法三：在命令行输入"line（L）"，并按"回车"键。

（3）操作方法 执行以上启动方法之一后，按命令行提示操作。

命令：_line 指定第一点：（注：可以指定任意点或定点捕捉，也可以输入坐标值并按"回车"键）

指定下一点或［放弃（U）］：（注：可以定点捕捉，也可以输入坐标值或输入"u"并按"回车"键）

指定下一点或［闭合（C）/放弃（U）］：（注：可以定点捕捉，也可以输入坐标值，或输入"c"或"u"并按"回车"键）

各选择项含义如下。

"放弃（U）"：要在执行直线命令期间放弃前一条直线段。

"闭合（C）"：使一系列直线段闭合。

（4）示例 用直线命令绘制如图 3-2 所示的平面图形。

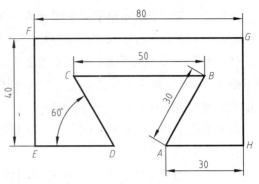

图 3-2 直线命令示例

分析：图中直线 AB 的极轴为 60°，直线 CD 的极轴为 300°，启用极轴追踪绘图，增量角设置为 60°。

操作步骤如下。

步骤一：设置图层和线型，选择 01 图层作图。

步骤二：设置增量角。在状态栏的"极轴"按钮处点击右键，选择"设置"，打开"草图设置"对话框，在增量角中输入"60"，点击"确定"按钮，打开极轴模式。

步骤三：启动直线命令，按命令行提示操作。

命令：_line 指定第一点：（注：在绘图区点击鼠标左键指定任意点 A）

指定下一点或［放弃（U）］：（注：向极轴 60° 方向移动光标，输入直线 AB 的长度"30"，按"回车"键，确定 B 点）

指定下一点或［放弃（U）］：（注：向极轴 180° 方向移动光标，输入直线 BC 的长度"50"，按"回车"键，确定 C 点）

指定下一点或［闭合（C）/放弃（U）］：（注：向极轴 300° 方向移动光标，输入直线 CD 的长度"30"，按"回车"键，确定 D 点）

指定下一点或［闭合（C）/放弃（U）］：（注：打开正交模式，向左移动光标，输入直线 DE 的长度"30"，按"回车"键，确定 E 点）

指定下一点或［闭合（C）/放弃（U）］：（注：向上移动光标，输入直线 EF 的长度"40"，按"回车"键，确定 F 点）

指定下一点或［闭合（C）/放弃（U）］：（注：向右移动光标，输入直线 FG 的长度"80"，按"回车"键，确定 G 点）

指定下一点或［闭合（C）/放弃（U）］：（注：向下移动光标，输入直线 GH 的长度"40"，按"回车"键，确定 H 点）

指定下一点或［闭合（C）/放弃（U）］：（注：输入"c"，按"回车"键）

说明：在绘图前，先按 2.2.1 图层的设置中的要求设置图层，然后根据线型选择图层作图，后面章节同。

3.2 圆 命 令

（1）功能 指定圆心和半径等方法绘制圆。

（2）启动方法

方法一：点击"绘图"工具栏图标 ⊙ 。

方法二：选择下拉菜单中"绘图→圆"，选择如图3-3所示的选项。

方法三：在命令行输入"circle（C）"，并按"回车"键。

（3）操作方法　执行以上启动方法之一后，按命令行提示操作。

命令：_circle指定圆的圆心或［三点（3P）/两点（2P）/相切、相切、半径（T）］：（注：指定点，或输入选项并按"回车"键）

指定圆的半径或［直径（D）］：（注：指定点，输入值或输入"d"并按"回车"键）

各选择项的含义如下。

"三点（3P）"：基于圆周上的三点绘制圆。

"两点（2P）"：基于圆直径上的两个端点绘制圆。

"相切、相切、半径（T）"：基于指定半径和两个相切对象绘制圆。

"相切、相切、相切（A）"：基于三个相切对象绘制圆。

（4）示例　用圆命令和直线绘制如图3-4所示的图形。

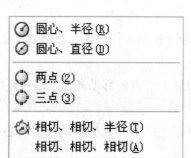

图3-3　圆命令选项

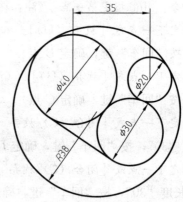

图3-4　圆命令示例

分析：直径为ϕ30和半径为R38的圆分别与直径为ϕ40和ϕ20的圆相切，先用指定圆心和半径的方法作出ϕ40和ϕ20的圆，然后用"相切、相切、半径"的方法作出ϕ30和R38的圆，最后对象捕捉切点，并用直线命令作出ϕ40和ϕ30两圆的切线。

操作步骤如下。

步骤一：作直径为ϕ40的圆。启动圆命令，按命令行提示操作。

命令：_circle指定圆的圆心或［三点（3P）/两点（2P）/相切、相切、半径（T）］：（注：在绘图区点击鼠标左键指定任意点）

指定圆的半径或［直径（D）］：（注：输入半径"20"，并按"回车"键）

步骤二：作直径为ϕ20的圆。启动圆命令，按命令行提示操作。

命令：_circle指定圆的圆心或［三点（3P）/两点（2P）/相切、相切、半径（T）］：（注：启用"对象捕捉"和"对象追踪"，将光标放在ϕ40圆的圆心，向右移动光标，输入距离"35"，并按"回车"键）

指定圆的半径或［直径（D）］：（注：输入半径"10"，并按"回车"键）

步骤三：作直径为ϕ30的圆。启动圆命令，按命令行提示操作。

命令：_circle 指定圆的圆心或［三点（3P）/两点（2P）/相切、相切、半径（T）］：（注：输入"t"，按"回车"键）

指定对象与圆的第一个切点：（注：选 $\phi40$ 的圆的右下部分为第一个切点）

指定对象与圆的第二个切点：（注：选 $\phi20$ 的圆的左下部分为第二个切点）

指定圆的半径＜10.0000＞：（注：输入半径"15"，按"回车"键）

步骤四：作半径为 $R38$ 的圆。方法与步骤三相同，第一个切点选 $\phi40$ 圆的左上部分，第二个切点选 $\phi20$ 圆的右上部分。

步骤五：作 $\phi40$ 和 $\phi30$ 两圆的切线。启动直线命令，按命令行提示操作。

命令：_line 指定第一点：（注：在对象捕捉模式选择"切点"，并取消"圆心"捕捉模式，点击 $\phi40$ 圆的左下部分）

指定下一点或［放弃（U）］：（注：点击 $\phi30$ 圆的左下部分，按"回车"键。）

说明：对象捕捉模式"圆心"捕捉干扰了"切点"捕捉，因此在捕捉"切点"时要取消"圆心"捕捉模式。

3.3　圆弧命令

（1）功能　指定起点、端点、半径等多种方法绘制圆弧。

（2）启动方法

方法一：点击"绘图"工具栏图标 。

方法二：选择下拉菜单中"绘图→圆弧"，选择如图 3-5 所示的选项。

方法三：在命令行输入"arc（A）"，并按"回车"键。

（3）操作方法　从图 3-5 可知，圆弧命令的选项有 11 项，则绘制圆弧的方法有 11 种。要绘制圆弧，可以指定圆心、端点、起点、半径、角度、弦长和方向的各种组合形式，因此，为了避免输入选项，启动圆弧命令用方法二较为方便快捷。

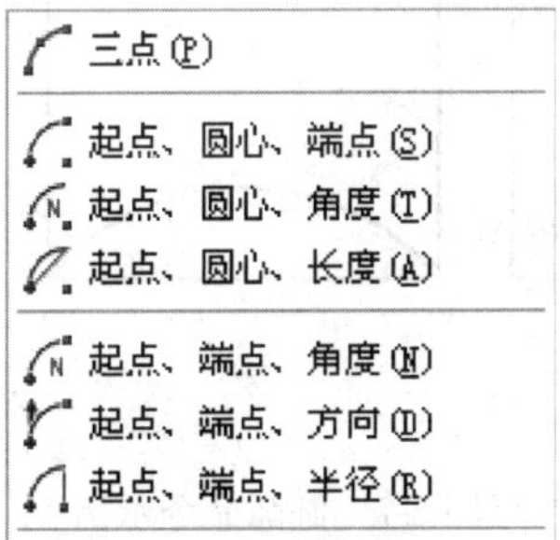

各选择项含义如下。

"三点（P）"：通过指定三点可以绘制圆弧。

"起点、圆心、端点（S）"：通过指定起点、中心点和端点可以绘制圆弧。

"起点、圆心、角度（T）"：通过捕捉到的起点和圆心点，并且输入已知角度可以绘制圆弧。

	三点（P）
	起点、圆心、端点（S）
	起点、圆心、角度（T）
	起点、圆心、长度（A）
	起点、端点、角度（N）
	起点、端点、方向（D）
	起点、端点、半径（R）
	圆心、起点、端点（C）
	圆心、起点、角度（E）
	圆心、起点、长度（L）
	继续（O）

图 3-5　圆弧命令选项

"起点、圆心、长度（A）"：通过捕捉到的起点和中心点，并且输入已知弦长可以绘制圆弧。

"起点、端点、半径（R）"：通过捕捉到的起点和端点，并且输入已知半径可以绘制圆弧。

"继续（O）"：绘制新圆弧的起点自动以刚完成的圆弧（或直线）的终点为起点，绘制与刚完成的圆弧（或直线）相切的圆弧。

"起点、端点、角度（N）"、"起点、端点、方向（D）"、"圆心、起点、端点（C）"、"圆心、起点、角度（E）"、"圆心、起点、长度（L）"这5个选项给出的条件与上述选项是一样的，只是起点、端点、圆心等各点的输入先后顺序不同。

说明：弦长为正时，绘制的圆弧是小圆弧，如图3-6（a）所示，弦长为负时，绘制的圆弧是大圆弧，如图3-6（b）所示；圆心角为正时，系统按顺时针绘制圆弧，如图3-6（c）所示，圆心角为负时，系统按顺时针绘制圆弧，如图3-6（d）所示；选择起点和端点，系统按逆时针绘制圆弧，如图3-6（e）所示。

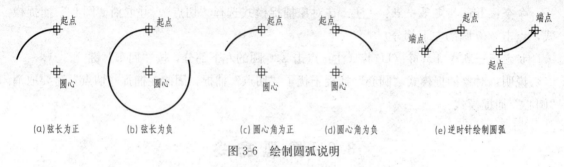

(a) 弦长为正　　(b) 弦长为负　　(c) 圆心角为正　(d) 圆心角为负　(e) 逆时针绘制圆弧

图3-6　绘制圆弧说明

（4）示例　在矩形内作两段 R20 的圆弧，如图3-7所示。

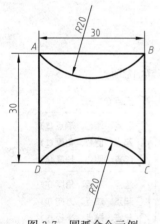

图3-7　圆弧命令示例

分析：已知圆弧的两端点和半径，用"起点、端点、半径（R）"作圆弧。

操作步骤如下。

步骤一：用直线命令作矩形 ABCD。

步骤二：画圆弧 AB。选择下拉菜单中"绘图→圆弧→起点、端点、半径（R）"，按命令行提示操作。

命令：_arc 指定圆弧的起点或 ［圆心（C）］：（注：启用"对象捕捉"，指定圆弧的起点"A"点）

指定圆弧的第二个点或 ［圆心（C）/端点（E）］：_e

指定圆弧的端点：（注：指定圆弧的端点"B"点）

指定圆弧的圆心或 ［角度（A）/方向（D）/半径（R）］：_r 指定圆弧的半径：（注：输入圆弧的半径"20"，按"回车"键）；

步骤三：画圆弧 CD。方法与步骤2相同，圆弧的起点为"C"点，圆弧的端点为"D"点。

3.4　椭圆命令

（1）功能　指定两条轴的长度来绘制椭圆。

（2）启动方法

方法一：点击"绘图"工具栏图标 ◯。

方法二：选择下拉菜单中"绘图→椭圆"，选择如图 3-8 所示的选项。

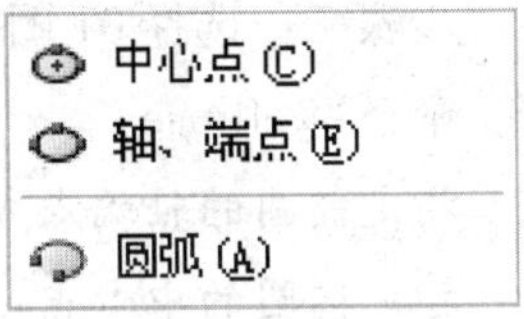

方法三：在命令行输入"ellipse"，并按"回车"键。

（3）操作方法　执行以上启动方法之一后，按命令行提示操作。

⊕ 中心点（C）
⊘ 轴、端点（E）
⟗ 圆弧（A）

图 3-8　椭圆命令选项

命令：_ellipse

指定椭圆的轴端点或［圆弧（A）/中心点（C）］：（注：指定椭圆的轴端点，或输入选项并按"回车"键）

指定轴的另一个端点：（注：指定椭圆的另一个轴端点）

指定另一条半轴长度或［旋转（R）］：（注：指定椭圆的另一条半轴长度，或输入选项并按"回车"键）

各选择项含义如下。

"圆弧（A）"：创建一段椭圆弧。

"中心点（C）"：指定椭圆的中心点。

"旋转（R）"：通过绕第一条轴旋转圆来创建椭圆。

（4）示例　按给定椭圆端点和中心点分别画椭圆，如图 3-9 所示。

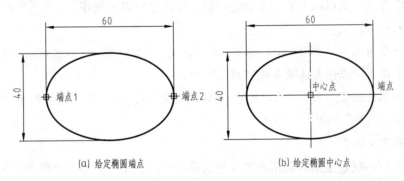

（a）给定椭圆端点　　　　　（b）给定椭圆中心点

图 3-9　椭圆命令示例

分析：图 3-9（a）可用"轴、端点"作椭圆，图 3-9（b）可用"中心点"作椭圆。

操作步骤如下。

步骤一：启动椭圆命令，按命令行提示操作。

命令：_ellipse

指定椭圆的轴端点或［圆弧（A）/中心点（C）］：（注：在绘图区点击鼠标左键指定任意点为椭圆的轴端点 1）

指定轴的另一个端点：（注：打开正交模式，向右移动光标，输入距离"60"，并按"回车"键，确定椭圆的轴端点 2）

指定另一条半轴长度或［旋转（R）］：（注：输入"20"，按"回车"键）

画出图 3-9（a）。

步骤二：选择 05 图层为当前图层，作两条相互垂直的直线。

步骤三：选择 01 图层为当前图层，作椭圆。启动椭圆命令，按命令行提示操作。

命令：_ellipse

指定椭圆的轴端点或［圆弧（A）/中心点（C）］：（注：输入"c"，按"回车"键）

指定椭圆的中心点：（注：捕捉两点划线交点并点击鼠标左健）

指定轴的端点：（注：向右移动光标，输入距离"30"，并按"回车"键，指定椭圆的轴端点）

指定另一条半轴长度或［旋转（R）］：（注：输入"20"，按"回车"键）

画出图 3-9（b）。

3.5 矩形命令

（1）功能　绘制矩形多段线。

（2）启动方法

方法一：点击"绘图"工具栏图标 ▭ 。

方法二：选择下拉菜单中"绘图→矩形（G）"。

方法三：在命令行输入"rectang"，并按"回车"键。

（3）操作方法　执行以上启动方法之一后，按命令行提示操作。

命令：_rectang

指定第一个角点或［倒角（C）/标高（E）/圆角（F）/厚度（T）/宽度（W）］：（注：指定矩形的一个角点，或输入选项并按"回车"键）

指定另一个角点或［面积（A）/尺寸（D）/旋转（R）］：（注：指定矩形的对角点，或输入选项并按"回车"键）

各选择项含义如下。

"倒角（C）"：设置矩形的倒角距离（包括第一个倒角距离和第二个倒角距离）

"标高（E）"：指定矩形的标高。

"圆角（F）"：指定矩形的圆角半径。

"厚度（T）"：指定矩形的厚度，一般在三维绘图时使用。

"宽度（W）"：为要绘制的矩形指定多段线的宽度。

（4）示例　用矩形命令绘制如图 3-10 所示的图形。

操作步骤如下。

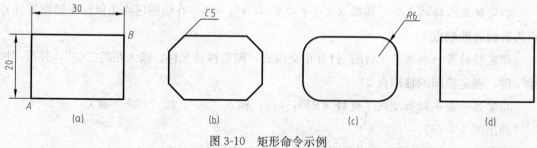

图 3-10　矩形命令示例

步骤一：作图（a）。启动矩形命令，按命令行提示操作。

命令：_rectang

指定第一个角点或［倒角（C）/标高（E）/圆角（F）/厚度（T）/宽度（W）］：（注：在绘图区点击鼠标左键指定任意点为矩形的第一个角点"A"）

指定另一个角点或［面积（A）/尺寸（D）/旋转（R）］：（注：输入"@30，20"，按"回车"键）

步骤二：作图（b）。启动矩形命令，按命令行提示操作。

命令：_rectang

指定第一个角点或［倒角（C）/标高（E）/圆角（F）/厚度（T）/宽度（W）］：（注：输入"c"，按"回车"键）

指定矩形的第一个倒角距离<0.0000>：（注：输入"5"，按"回车"键）

指定矩形的第二个倒角距离<5.0000>：（注：按"回车"键）

指定第一个角点或［倒角（C）/标高（E）/圆角（F）/厚度（T）/宽度（W）］：（注：在绘图区点击鼠标左键指定任意点为矩形的第一个角点）

指定另一个角点或［面积（A）/尺寸（D）/旋转（R）］：（注：输入"@30，20"，按"回车"键）

步骤三：作图（c）。启动矩形命令，按命令行提示操作。

命令：_rectang

当前矩形模式：　倒角＝5.0000 x 5.0000

指定第一个角点或［倒角（C）/标高（E）/圆角（F）/厚度（T）/宽度（W）］：（注：输入"f"，按"回车"键）

指定矩形的圆角半径<0.0000>：（注：输入"6"，按"回车"键）

指定第一个角点或［倒角（C）/标高（E）/圆角（F）/厚度（T）/宽度（W）］：（注：在绘图区点击鼠标左键指定任意点为矩形的第一个角点）

指定另一个角点或［面积（A）/尺寸（D）/旋转（R）］：（注：输入"@30，20"，按"回车"键）

步骤四：作图（d）。启动矩形命令，按命令行提示操作。

命令：_rectang

当前矩形模式：圆角＝6.0000

指定第一个角点或［倒角（C）/标高（E）/圆角（F）/厚度（T）/宽度（W）］：（注：输入"f"，按"回车"键）

指定矩形的圆角半径<6.0000>：（注：输入"0"，按"回车"键）

指定第一个角点或［倒角（C）/标高（E）/圆角（F）/厚度（T）/宽度（W）］：（注：在绘图区点击鼠标左键指定任意点为矩形的第一个角点）

指定另一个角点或［面积（A）/尺寸（D）/旋转（R）］：（注：输入"@30，20"，按"回车"键）

3.6　正多边形命令

（1）功能　创建闭合的等边多段线，包括绘制正三角形、正方形、正五边形、正六边形等正多边形。

（2）启动方法

方法一：点击"绘图"工具栏图标 ⬠ 。

方法二：选择下拉菜单中"绘图→正多边形（G）"。

方法三：在命令行输入"polygon"，并按"回车"键。

（3）操作方法　执行以上启动方法之一后，按命令行提示操作。

命令：_polygon 输入边的数目<4>：（注：输入正多边形的边数）

指定正多边形的中心点或 ［边（E）］：（注：指定中心点或输入"e"）

输入选项 ［内接于圆（I）/外切于圆（C）］<I>：（注：输入"i"或输入"c"并按"回车"键）

指定圆的半径：（注：输入圆的半径并按"回车"键）

各选择项含义如下。

"边（E）"：通过指定第一条边的端点来定义正多边形。

"内接于圆（I）"：指定外接圆的半径，正多边形的所有顶点都在此圆周上。

"外切于圆（C）"：指定从正多边形中心点到各边中点的距离。

（4）示例　作图 3-11 所示的圆和正六边形。

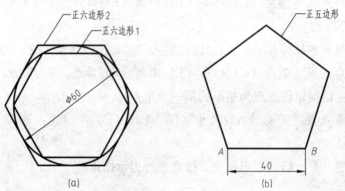

图 3-11　正六边形命令示例

分析：正六边形 1 内接于 $\phi60$ 的圆，正六边形 2 外切于 $\phi60$ 的圆，正五边形选择"边（E）"作图。

操作步骤如下。

步骤一：作直径为 $\phi60$ 的圆。

步骤二：作正六边形 1。启动正多边形命令，按命令行提示操作。

命令：_polygon 输入边的数目<4>：（注：输入"6"，按"回车"键）

指定正多边形的中心点或 ［边（E）］：（注：捕捉圆的圆心并点击鼠标左键）

输入选项［内接于圆（I）/外切于圆（C）]＜I＞：（注：按"回车"键）

指定圆的半径：（注：输入"30"，按"回车"键）

步骤三：作正六边形 2。启动正多边形命令，按命令行提示操作。

命令：_polygon 输入边的数目＜6＞：（注：按"回车"键）

指定正多边形的中心点或［边（E）]：（注：捕捉圆的圆心并点击鼠标左键）

输入选项［内接于圆（I）/外切于圆（C）]＜I＞：（注：输入"c"，按"回车"键）

指定圆的半径：（注：输入"30"，按"回车"键）

步骤四：作正五边形。启动正多边形命令，按命令行提示操作。

命令：_polygon 输入边的数目＜6＞：（注：输入"5"，按"回车"键）

指定正多边形的中心点或［边（E）]：（注：输入"e"，按"回车"键）

指定边的第一个端点：（注：在绘图区点击鼠标左键指定任意点"A"）

指定边的第二个端点：（注：打开正交模式，输入"40"，确定端点"B"）

3.7　点样式和点命令

3.7.1　点样式

（1）功能　指定点对象的显示样式及大小。

（2）启动方法

方法一：选择下拉菜单中"格式→点样式（P)..."。

方法二：在命令行输入"ddptype"，并按"回车"键。

（3）操作方法　执行以上启动方法之一后，屏幕弹出"点样式"对话框，系统默认点样式为 ·，如图 3-12 所示。通过选择图标来修改点样式，并可设置点的显示大小，设置完成后，按"确定"按钮。

3.7.2　点命令

（1）功能　点是组成图形最基本的实体对象，在 AutoCAD 中，使用"点"命令可以在指定位置绘制单点和多点。

（2）启动方法

方法一：点击"绘图"工具栏图标 · 。

方法二：选择下拉菜单中"绘图→点"，选择如图 3-13 所示的选项。

方法三：在命令行输入"point"，并按"回车"键。

各选择项含义如下。

"单点（S)"：在指定位置绘制单点。

"多点（P)"：在指定位置绘制多点，按"Esc"键退出点命令。

"定数等分（D)"：将点对象或块沿对象的长度或周长等间隔排列。执行"定数等分（D)"启动方法之一后，按命令行提示操作。

选择要定数等分的对象：（注：使用对象选择方法选择要定数等分的对象）

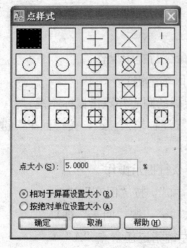

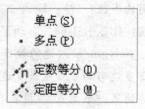

图 3-12 "点样式"对话框　　　　　　图 3-13 点命令选项

输入线段数目或［块（B）］：（注：输入线段数目的值或输入"b"，按"回车"键）

"定距等分（M）"：将点对象或块在对象上指定间隔处放置。执行"定距等分（M）"启动方法之一后，按命令行提示操作。

选择要定距等分的对象：（注：使用对象选择方法选择要定距等分的对象）

输入线段长度或［块（B）］：（注：指定线段长度或输入"b"，按"回车"键）

（3）示例　将圆等分 5 份，并作出如图 3-14 所示的图形。

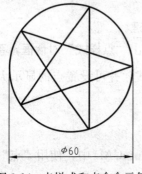

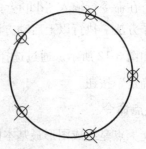

图 3-14　点样式和点命令示例　　　　图 3-15　设置点样式

操作步骤如下。

步骤一：作直径为 ϕ60 的圆。

步骤二：将圆定数等分 5 份。启动定数等分命令，按命令行提示操作。

命令：_ divide

选择要定数等分的对象：（注：用鼠标点击圆，选择圆为对象）

输入线段数目或［块（B）］：（注：输入"5"，按"回车"键）

步骤三：设置点样式。启动点样式命令，屏幕弹出"点样式"对话框，如图 3-12 所示，通过选择图标 ⊠ 来修改点样式，按"确定"按钮，屏幕回到绘图区，作出图 3-15。

步骤四：启用"对象捕捉"，对象捕捉模式选"节点"，用"直线"命令将等分点依次连接。

步骤五：再次设置点样式。通过选择图标 `·`，选回原默认的点样式，并按"确定"按钮，完成作图。

3.8　样条曲线命令

（1）功能　绘制经过或接近一系列给定点的光滑曲线。

（2）启动方法

方法一：点击"绘图"工具栏图标 ～ 。

方法二：选择下拉菜单中"绘图→样条曲线（s）"。

方法三：在命令行输入"spline"，并按"回车"键。

（3）操作方法　执行以上启动方法之一后，按命令行提示操作。

命令：_spline

指定第一个点或［对象（O）］：（注：指定一点）

指定下一点：（注：指定一点）

指定下一点或［闭合（C）/拟合公差（F）］＜起点切向＞：（注：指定点、输入选项或按"回车"键）

指定起点切向：（注：指定点或按"回车"键）

指定端点切向：（注：指定点或按"回车"键）

各选择项含义如下。

"对象（O）"：将二维或三维的二次或三次样条拟合多段线转换成等价的样条曲线并删除多段线。

"闭合（C）"：将最后一点定义为与第一点一致并使它在连接处相切，这样可以闭合样条曲线。

"拟合公差（F）"：修改拟合当前样条曲线的公差。

说明：样条曲线命令在机械绘图中一般用于绘制波浪线，如图 3-16 所示，在下面 3.9 中的示例中将会讲述。

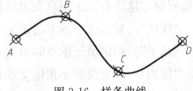

图 3-16　样条曲线

3.9　图案填充命令

（1）功能　定义图案填充和渐变填充对象的边界、图案类型、图案特性和其他特性，在机械绘图中一般用作画剖面线。

（2）启动方法

方法一：点击"绘图"工具栏图标 ▨ 。

方法二：选择下拉菜单中"绘图→图案填充（H）..."。

方法三：在命令行输入"hatch"，并按"回车"键。

（3）操作方法　执行以上启动方法之一后，屏幕弹出"图案填充和渐变色"对话框，如图3-17所示。

图 3-17　"图案填充和渐变色"对话框

各选项的含义如下。

"类型"：设置图案类型。用户定义的图案基于图形中的当前线型，自定义图案是在任何自定义 PAT 文件中定义的图案，这些文件已添加到搜索路径中，可以控制任何图案的角度和比例。

"图案"：列出可用的预定义图案，只有将"类型"设置为"预定义"，该"图案"选项才可用。"…"按钮显示"填充图案选项板"对话框，从中可以同时查看所有预定义图案的预览图像，这将有助于用户做出选择。

"样例"：显示选定图案的预览图像。

"角度"：指定填充图案的角度。

"比例"：放大或缩小预定义或自定义图案。

"图案填充原点"：控制填充图案生成的起始位置。

"添加：拾取点"：根据围绕指定点构成封闭区域的现有对象确定边界。

"添加：选择对象"：根据构成封闭区域的选定对象确定边界。

"选项"：控制几个常用的图案填充或填充选项。

（4）示例　用样条曲线和图案填充命令，作出如图3-18所示的波浪线和剖面线。

操作步骤如下。

步骤一：用矩形和直线命令作出图形轮廓。

步骤二：画波浪线。启动样条曲线命令，按命令行提示操作。

命令：_spline

指定第一个点或［对象（O）］：（注：在矩形上指定一点 A，如图3-19所示）

指定下一点：（注：在矩形内指定一点 B）

指定下一点或［闭合（C）/拟合公差（F）］＜起点切向＞：（注：在矩形内再指定一点 C）

指定下一点或［闭合（C）/拟合公差（F）］＜起点切向＞：（注：在矩形上指定一点 D，并按"回车"键）

指定起点切向：（注：按"回车"键）

指定端点切向：（注：按"回车"键）

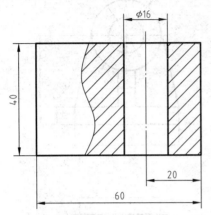

图 3-18　样条曲线和图案填充命令示例

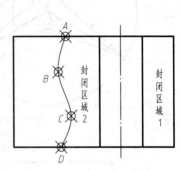

图 3-19　作波浪线和剖面线

步骤三：画剖面线。启动图案填充命令，屏幕弹出"图案填充和渐变色"对话框，设置"图案填充和渐变色"：图案选"ANST31"，点击"添加：拾取点"按钮，屏幕回到绘图区，在图形中点击封闭区域 1 和封闭区域 2，确定画剖面线的位置，然后按"回车"键，屏幕返回"图案填充和渐变色"对话框，单击"确定"按钮，如图 3-20 所示。

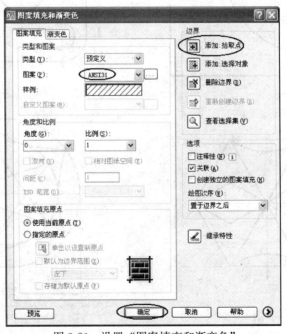

图 3-20　设置"图案填充和渐变色"

习 题 3

3-1 用二维绘图命令画出题图 3-21（不标注尺寸）。

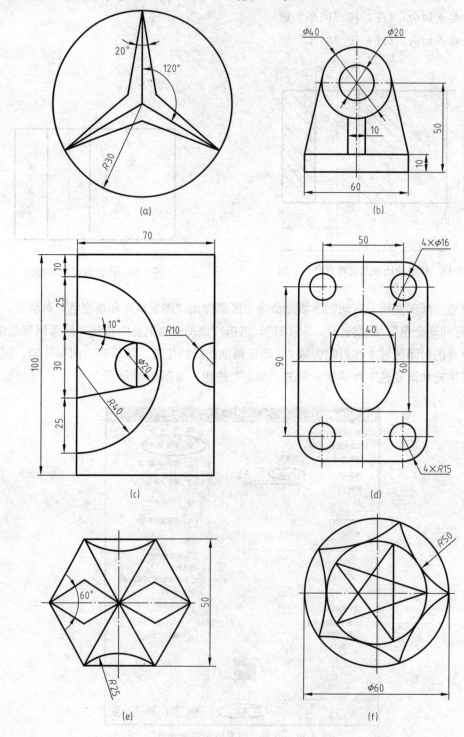

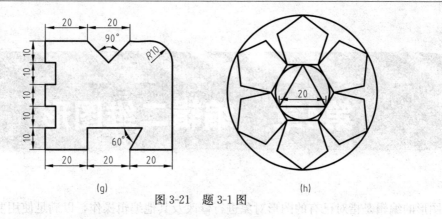

(g)　　　　　　　　　　　　　(h)

图 3-21　题 3-1 图

3-2　用二维绘图命令画出图 3-22 的两组视图（不标注尺寸）。

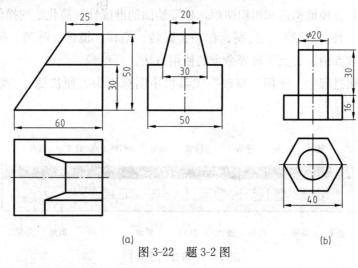

(a)　　　　　　　　　　　　　(b)

图 3-22　题 3-2 图

3-3　用图案填充、样条曲线等命令画出图 3-23（不标注尺寸）。

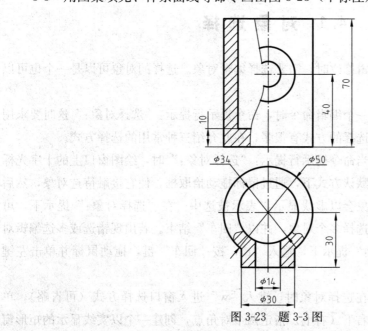

图 3-23　题 3-3 图

第4章 编辑二维图形

图形的编辑是指对已有的图形对象进行修改及其他编辑操作，以满足使用要求。中文版 AutoCAD 2008 的"修改"菜单中包含了大部分编辑命令，通过选择该菜单中的命令或子命令，可以帮助用户合理地构造和组织图形，保证绘图的准确性，简化绘图操作。本章将详细介绍放弃、删除、修剪、延伸、复制、移动、旋转、偏移、镜像、阵列、拉长、拉伸、缩放、分解、倒角和圆角、夹点编辑等命令的使用方法。

在图形的编辑过程中，使用"修改"工具栏中图标更为方便快捷。"修改"工具条如图 4-1 所示。

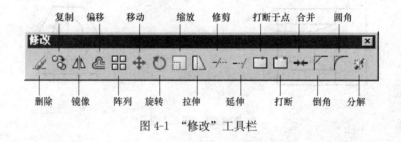

图 4-1 "修改"工具栏

4.1 对象选择

（1）功能 对图形进行编辑修改时，需要选择编辑对象。选择的对象可以是一个也可以是一组图形元素。

（2）操作方法 每当输入一个编辑命令时，命令提示行提示："选择对象："这时要求用户选定需要编辑的图形元素。选择的方式有很多，在此介绍三种常用的选择方式。

方式一：直接选取方式。当命令提示行提示："选择对象："时，绘图窗口上的十字光标就变成了一个对象拾取框。在默认方式下，通过鼠标拖动拾取框，使它接触待选对象，然后单击鼠标左键，此时被选择对象会以虚线显示，表示被选中。在"选择对象："提示下，可以选择一个对象，也可以连续选择多个对象，并以"回车"结束。若出现错选或多选编辑对象的情况，可以在"选择对象："提示下，输入"r"，按"回车"键，拖动鼠标并单击左键选择错选或多选的对象。

方式二：矩形窗口方式。在选择对象时，键入"w"进入窗口选择方式（可省略），单击鼠标左键从左上（左下）向右下（右上）指定两个对角点，创建一个以实线显示的矩形窗口，则位于窗口内的完整对象均被选中，而某对象只有一部分在窗口之内则不会被选中，如图 4-2 所示。实际操作中并需要键入"w"，只要鼠标没有接触到任何图形元素，单击左键默认为第一角点，自动进入窗口选择方式。

　　方式三：交叉窗口方式。交叉窗口方式与矩形窗口方式类似，在选择对象时，交叉窗口方式拖动鼠标从右下（右上）向左上（左下）指定两个对角点，创建一个以虚线显示的矩形窗口，则位于窗口内及与窗口边界相交的对象均被选中，如图 4-3 所示。

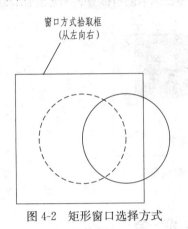

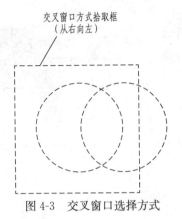

　　　　图 4-2　矩形窗口选择方式　　　　　　图 4-3　交叉窗口选择方式

　　其他的选择方式还有：栏选方式、最后方式、前一个方式、全选方式、删除方式和编组方式等。

4.2　放弃命令（U 命令）

（1）功能　放弃命令，也称取消命令、U 命令，可以取消一个或多个已经执行的命令。

（2）操作方法

方法一：点击"标准"工具栏图标 [image] 。

方法二：选择下拉菜单中"编辑（E）→放弃（U）"。

说明：U 命令可以取消最后一次所进行的操作。重复操作使用 U 命令，可以依次往回取消操作。

（3）示例　用放弃命令操作如图 4-4 所示的图形。

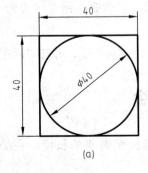

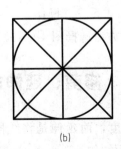

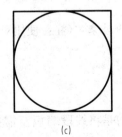

　　　　　（a）　　　　　　　　　　（b）　　　　　　　　　　（c）

图 4-4　放弃命令应用示例

操作步骤如下。

步骤一：用矩形命令和圆命令画出如图 4-4（a）所示的矩形和圆。

步骤二：用直线命令画图 4-4（b）所示的四条直线。

步骤三：执行 4 次 U 命令，图形恢复到图 4-4（a）状态，如图 4-4（c）所示。

说明：在中文版 AutoCAD 2008 中，在操作步骤三时，可点击 ↶ 中的 ▼，选择 4 个"直线"（见图 4-5），按"回车"键，则放弃 4 个直线命令，图形即可恢复到图 4-4（a）状态。

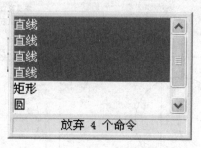

图 4-5　放弃 4 个直线命令

4.3　删　除　命　令

（1）功能　用于删除图中错误或多余的图形元素。

（2）启动方法

方法一：点击"修改"工具栏图标 ✐。

方法二：选择下拉菜单中"修改（M）→ 删除（E）"。

方法三：在命令行输入"erase"，并按"回车"键。

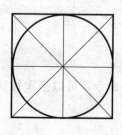

(a)　　　　　　　(b)

图 4-6　删除命令示例

（3）操作方法　执行以上启动方法之一后，按命令行提示操作。

选择对象：（注：使用对象选择方法选择对象，并按"回车"键）。

（4）示例　用删除命令删除如图 4-6（a）所示的 4 条直线，删除后如图 4-6（b）所示。

操作步骤：启动删除命令，按命令行提示操作。

选择对象：（注：使用对象选择方法选择图 4-6（a）中的四条直线，并按"回车"键）。

4.4　修剪、延伸命令

修剪是将线段缩短至需要的长度，而延伸是将线段延长至需要的长度，在 AutoCAD 中，修剪和延伸命令的操作方法是相同的。

4.4.1　修剪命令

（1）功能　利用该命令可以修剪超出要求的边界的线条。

（2）启动方法

方法一：点击"修改"工具栏图标 ┼┼ 。

方法二：选择下拉菜单中"修改（M）→修剪（T）"。

方法三：在命令行输入"trim"，并按"回车"键。

（3）操作方法　执行以上启动方法之一后，按命令行提示操作。

命令条目：trim

当前设置：投影＝当前值，边＝当前值

选择剪切边…

选择对象或＜全部选择＞：（注：选择一个或多个对象作为剪切边界，并按"回车"键，或者直接按"回车"键，表示全部选择图中所有元素作为剪切边界）

选择要修剪的对象，或按住 Shift 键选择要延伸的对象，或［栏选（F）/窗交（C）/投影（P）/边（E）/删除（R）/放弃（U）］：（注：选择一个或多个要修剪的对象，按"回车"键或"Esc"键退出）

（4）示例　用修剪命令和删除命令修剪删除如图 4-7 所示的直线，作图过程要求是：图（a）→图（b）→图（c）→图（d），最后作出如图 4-7（d）所示图形。

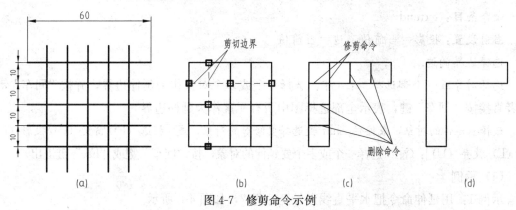

图 4-7　修剪命令示例

分析：修剪图（a）的直线时，可以不选择剪切边界，直接按"回车"键后进行修剪；修剪图（b）的直线时，选择图中标记的两直线为剪切边界，按"回车"键后进行修剪；图（c）中标记的两直线用修剪命令修剪，标记的 4 直线段用删除命令删除。

操作步骤如下。

步骤一：用直线命令和偏移命令（偏移命令在 4.7 中讲述），画出图 4-7（a）。

步骤二：启动修剪命令，按命令行提示操作。

选择剪切边…

选择对象或＜全部选择＞：（注：可直接按"回车"键）

选择要修剪的对象，或按住 Shift 键选择要延伸的对象，或［栏选（F）/窗交（C）/投影（P）/边（E）/删除（R）/放弃（U）］：（注：点击要修剪直线的两端，按"回车"键）

画出图 4-7（b）。

步骤三：启动修剪命令，按命令行提示操作。

选择剪切边…

选择对象或<全部选择>：［注：选择图 4-7（b）中标记的两直线为剪切边界］

选择要修剪的对象，或按住 Shift 键选择要延伸的对象，或［栏选（F）/窗交（C）/投影（P）/边（E）/删除（R）/放弃（U）］：（注：点击要修剪水平线的右端和竖直线的下端，按"回车"键）

画出图 4-7（c）。

步骤四：用修剪命令修剪图 4-7（c）中标记的两条直线，用删除命令删除图 4-7（c）中标记的四条直线，画出图 4-7（d）。

4.4.2　延伸命令

（1）功能　将图形元素延伸，使其到达指定的边界处。

（2）启动方法

方法一：点击"修改"工具栏图标 ⌐⁄ 。

方法二：选择下拉菜单中"修改（M）→延伸（D）"。

方法三：在命令行输入"extend"，并按"回车"键。

（3）操作方法　执行以上启动方法之一后，按命令行提示操作。

命令条目：extend

当前设置：投影＝当前值，边＝当前值

选择边界的边…

选择对象或<全部选择>：（注：选择一个或多个对象作为延伸边界，并按"回车"键，或者直接按"回车"键，表示全部选择图中所有元素作为延伸边界）

选择要延伸的对象，或按住 Shift 键选择要修剪的对象，或［栏选（F）/窗交（C）/投影（P）/边（E）/放弃（U）］：（注：选择一个或多个要延伸的对象，按"回车"键或"Esc"键退出）

（4）示例

示例 1：用延伸命令把水平直线延长至边界 2，如图 4-8 所示。

(a)延伸前　　　　　(b)延伸后

图 4-8　延伸命令示例

操作方法如下。

方法一：启动延伸命令，按命令行提示操作。

命令条目：extend

当前设置：投影＝当前值，边＝当前值

选择边界的边…

选择对象或<全部选择>：（注：选择直线 2 作为延伸边界，并按"回车"键）

选择要延伸的对象，或按住 Shift 键选择要修剪的对象，或［栏选（F）/窗交（C）/投影（P）/边（E）/放弃（U）］：（注：点击要延伸的水平直线的右端，按"回车"键）

方法二：启动延伸命令，按命令行提示操作。

命令条目：extend

当前设置：投影＝当前值，边＝当前值

选择边界的边…

选择对象或＜全部选择＞：（注：按"回车"键）

选择要延伸的对象，或按住 Shift 键选择要修剪的对象，或［栏选（F）/窗交（C）/投影（P）/边（E）/放弃（U）］：（注：点击要延伸的水平直线的右端，延伸至边界 1）

选择要延伸的对象，或按住 Shift 键选择要修剪的对象，或［栏选（F）/窗交（C）/投影（P）/边（E）/放弃（U）］：（注：再点击要延伸的水平直线的右端，延伸至边界 2，按"回车"键）

说明：修剪命令同样可以有延伸功能，见示例 2。

示例 2：用修剪命令的延伸功能延伸直线，如图 4-9 所示。

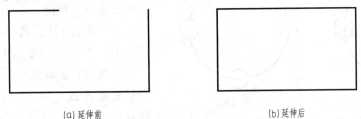

(a) 延伸前　　　　　　　　　　(b) 延伸后

图 4-9　修剪命令的延伸功能示例

操作方法如下：启动修剪命令，按命令行提示操作。

选择剪切边…

选择对象或＜全部选择＞：（注：选择右边直线作为剪切边界，按"回车"键）选择要修剪的对象，或按住 Shift 键选择要延伸的对象，或［栏选（F）/窗交（C）/投影（P）/边（E）/删除（R）/放弃（U）］：（注：按住 Shift 键，点击要延伸直线的右端，按"回车"键）

4.5　复制、移动命令

复制是按需要增加图线的数量，而移动是移动图线到所需的位置，不增加图线的数量，在 AutoCAD 中，复制和移动命令的操作方法是相同的。

4.5.1　复制命令

（1）功能　复制命令可以完成图形和文字一次或多次的复制。

（2）启动方法

方法一：点击"修改"工具栏图标 ⚙。

方法二：选择下拉菜单中"修改（M）→复制（Y）"。

方法三：在命令行输入"copy"，并按"回车"键。

方法四：选择要复制的对象，在绘图区域中单击鼠标右键，选择"复制（C）"。

（3）操作方法　执行以上启动方法之一后，按命令行提示操作。

命令条目：copy

选择对象：（注：使用对象选择方法选择对象，按"回车"键）

当前设置：复制模式＝多个

指定基点或［位移（D）/模式（O）］＜位移＞：（注：指定基点或输入选项）

指定第二个点或＜使用第一个点作为位移＞：（注：指定第二点，按"回车"键或按"Esc"键，退出复制命令）

各选择项含义如下。

"位移（D）"：相对被复制对象的距离和方向（或相对坐标）。

"模式（O）"：复制单个或多个。

（4）示例 用复制命令复制在大圆圆周象限点上的小圆，如图4-10所示。

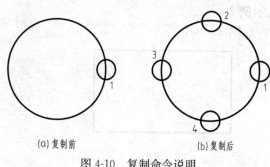

(a) 复制前   (b) 复制后

图4-10 复制命令说明

操作方法：启动复制命令，按命令行提示操作。

命令条目：copy

选择对象：（注：选择图4-10（a）中小圆1为复制对象，按"回车"键）

当前设置：复制模式 ＝ 多个

指定基点或［位移（D）/模式（O）］＜位移＞：（注：打开对象捕捉，捕捉小圆圆心为基点）

指定第二个点或＜使用第一个点作为位移＞：（注：对象捕捉设置象限点，捕捉大圆的第二象限点并点击鼠标左键，复制小圆2）

指定第二个点或［退出（E）/放弃（U）］＜退出＞：（注：捕捉大圆的第三象限点并点击鼠标左键，复制小圆3）

指定第二个点或［退出（E）/放弃（U）］＜退出＞：（注：捕捉大圆的第四象限点并点击鼠标左键，复制小圆4，按"回车"键）

画出图4-10（b）。

4.5.2 移动命令

（1）功能 移动命令可以将选定的一个或多个图形元素从当前位置移到新的位置上，并保持方向和大小不变。

（2）启动方法

方法一：点击"修改"工具栏图标 ✛ 。

方法二：选择下拉菜单中"修改（M）→移动（V）"。

方法三：在命令行输入"move"，并按"回车"键。

方法四：选择要移动的对象，并在绘图区域中单击鼠标右键，选择"移动（M）"。

（3）操作方法 执行以上启动方法之一后，按命令行提示操作。

命令条目：move

选择对象：（使用对象选择方法选择对象，按"回车"键）

指定基点或［位移（D）］＜位移＞：（注：指定基点或输入选项）

指定第二点或＜使用第一点作为位移＞：（指定第二点）

说明：指定的两个点定义了一个矢量，用于指示选定对象要移动的距离和方向，如果在"指定第二个点"提示下按"回车"键，第二点将被解释为相对基点的位移。例如，如果指定基点为（20，30），在"指定第二个点"提示下按"回车"键，则该对象从它当前的位置开始在 X 方向上移动 20 个单位，在 Y 方向上移动 30 个单位。位移基点可以选择在图形元素上也可以不在其上，如果指定在图形元素上，移动起来更直观一些。

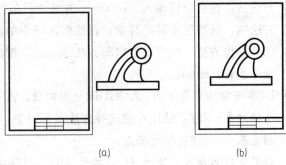

图 4-11　移动命令示例 1

（4）示例

示例 1：用移动命令把零件图放到 A4 图纸中，如图 4-11 所示。

操作方法：启动移动命令，按命令行提示操作。

命令条目：move

选择对象：（使用对象选择方法选择零件为移动对象，按"回车"键）

指定基点或［位移（D）］＜位移＞：（注：打开对象捕捉，捕捉零件圆心为基点）

指定第二点或＜使用第一点作为位移＞：（拖动鼠标在 A4 图框合适的位置，点击鼠标左键）画出图 4-11（b）。

示例 2：用移动命令把图形向右移动 30mm，如图 4-12 所示。

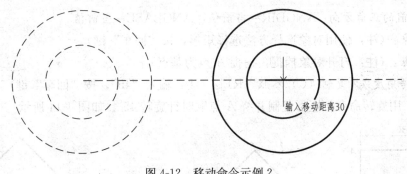

输入移动距离30

图 4-12　移动命令示例 2

操作方法：启动移动命令，按命令行提示操作。

命令条目：move

选择对象：（使用对象选择方法选择两圆为移动对象，按"回车"键）

指定基点或［位移（D）］＜位移＞：（注：打开对象捕捉，捕捉圆心为基点）

指定第二点或＜使用第一点作为位移＞：（向右移动鼠标，输入"30"，按"回车"键）

4.6　旋转命令

（1）功能　旋转命令可以使选中的对象绕指定的基点旋转一定的角度，基点作为旋转的中心。

（2）启动方法

方法一：点击"修改"工具栏图标 。

方法二：选择下拉菜单中"修改（M）→旋转（R）"。

方法三：在命令行输入"rotate"，并按"回车"键。

方法四：选择要旋转的对象，在绘图区域中单击鼠标右键，选择"旋转"。

（3）操作方法　执行以上启动方法之一后，按命令行提示操作。

命令条目：rotate

UCS 当前的正角方向：ANGDIR=当前值，ANGBASE=当前值

选择对象：（注：使用对象选择方法选择对象，按"回车"键）

指定基点：（注：指定基点）

指定旋转角度或［复制（C）/参照（R）］：（注：输入角度或输入选项，按"回车"键）各选择项含义如下。

"旋转角度"：绕基点旋转的角度，默认正方向为逆时针方向。

"复制（C）"：复制并旋转图形要素。

"参照（R）"：将对象从指定角度旋转到新的绝对角度。

（4）示例

示例 1：用旋转命令将矩形绕 A 点逆时针旋转 45°，如图 4-13 所示。

操作方法：启动旋转命令，按命令行提示操作。

命令条目：rotate

UCS 当前的正角方向：ANGDIR=当前值，ANGBASE=当前值

选择对象：（注：使用对象选择方法选择矩形，按"回车"键）

指定基点：（注：打开对象捕捉，捕捉 A 点为基点）

指定旋转角度或［复制（C）/参照（R）］：（注：输入"45"，按"回车"键）

示例 2：用旋转命令将矩形复制并绕 A 点顺时针旋转 45°，如图 4-14 所示。

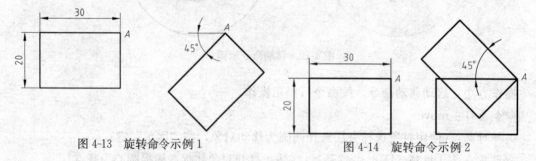

图 4-13　旋转命令示例 1　　　　　　　图 4-14　旋转命令示例 2

操作方法：启动旋转命令，按命令行提示操作。

命令条目：rotate

UCS 当前的正角方向：ANGDIR=当前值，ANGBASE=当前值

选择对象：（注：使用对象选择方法选择矩形，按"回车"键）

指定基点：（注：打开对象捕捉，捕捉 A 点为基点）

指定旋转角度或［复制（C）/参照（R）］：（注：输入"c"，按"回车"键）

旋转一组选定对象。

指定旋转角度，或［复制（C）/参照（R）］：（注：输入"-45"，按"回车"键）

4.7　偏移命令

（1）功能　按指定距离等距复制一个与原对象相同或相似的对象，偏移圆和正多边形可以创建同心圆、正多边形。

（2）启动方法

方法一：点击"修改"工具栏图标 。

方法二：选择下拉菜单中"修改（M）→偏移（S）"。

方法三：在命令行输入"offset"，并按"回车"键。

（3）操作方法　执行以上启动方法之一后，按命令行提示操作。

命令条目：offset

当前设置：删除源＝当前值，图层＝当前值，OFFSETGAPTYPE＝当前值

指定偏移距离或［通过（T）/删除（E）/图层（L）］＜当前＞：（注：输入距离或输入选项，按"回车"键）

选择要偏移的对象，或［退出（E）/放弃（U）］＜退出＞：（注：选择要偏移的对象，或输入选项并按"回车"键）

指定要偏移的那一侧上的点，或［退出（E）/多个（M）/放弃（U）］＜退出＞：（注：将光标放在偏移所在一侧，点击鼠标左键，要退出偏移命令，按"回车"键或按"Esc"键）

各选择项含义如下。

"通过（T）"：创建通过指定点的对象。

"删除（E）"：偏移源对象后将其删除。

"图层（L）"：确定将偏移对象创建在当前图层上还是源对象所在的图层上。

（4）示例　用直线命令、偏移命令和修剪命令作出如图 4-15（a）所示的图形。

操作步骤如下。

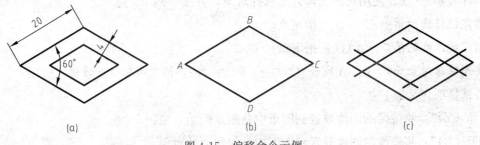

图 4-15　偏移命令示例

步骤一：用直线命令作出如图 4-15（b）所示的图形。

步骤二：启动偏移命令，按命令行提示操作。

命令条目：offset

当前设置：删除源＝当前值，图层＝当前值，OFFSETGAPTYPE＝当前值

指定偏移距离或［通过（T）/删除（E）/图层（L）］＜当前＞：（注：输入"4"，按"回车"键）

选择要偏移的对象，或［退出（E）/放弃（U）］＜退出＞：（注：选择直线"AB"）

指定要偏移的那一侧上的点，或［退出（E）/多个（M）/放弃（U）］＜退出＞：（注：将光标放在图形内侧，点击鼠标左键）

选择要偏移的对象，或［退出（E）/放弃（U）］＜退出＞：（注：选择直线"BC"）

指定要偏移的那一侧上的点，或［退出（E）/多个（M）/放弃（U）］＜退出＞：（注：将光标放在图形内侧，点击鼠标左键）

直线 CD 和 AD 的偏移与直线 AB 和偏移方法相同，按"回车"键或按"Esc"键，退出偏移命令，如图 4-15（c）。

步骤三：启动修剪命令，选择内侧四边为边界，修剪多余线段，作出图 4-15（a）。

说明：若用"多段线"命令（点击"绘图"工具栏图标 ），作出如图 4-15（b）所示的图形，再用"偏移"命令将图形向内偏移 4mm，不需要修剪即可作出如图 4-15（a）所示的图形。

4.8 镜像命令

（1）功能　镜像命令可以根据指定的对称轴线（镜像线）对图形进行对称复制。

（2）启动方法

方法一：点击"修改"工具栏图标 。

方法二：选择下拉菜单中"修改（M）→镜像（I）"。

方法三：在命令行输入"mirror"，并按"回车"键。

（3）操作方法　执行以上启动方法之一后，按命令行提示操作。

命令条目：mirror

选择对象：（注：使用对象选择方法选择对象，并按"回车"键）

指定镜像线的第一点：（注：指定点）

指定镜像线的第二点：（注：指定点）

要删除源对象吗？［是（Y）/否（N）］＜否＞：（注：按"回车"键或输入选项）

各选择项含义如下：

"是（Y）"：将镜像的图像放置到图形中并删除原始对象。

"否（N）"：将镜像的图像放置到图形中并保留原始对象。

（4）示例　使用镜像命令作出如图 4-16（b）所示的图形。

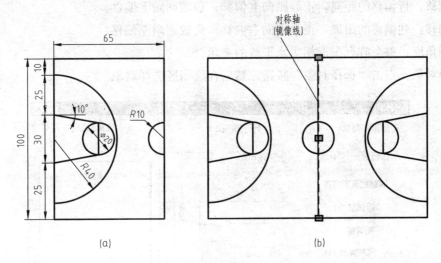

图 4-16　镜像命令示例

操作步骤如下。

步骤一：用直线和圆命令作出图 4-16（a）。

步骤二：启动镜像命令，按命令行提示操作。

选择对象：（注：将（a）图全部选择并按"回车"键）

指定镜像线的第一点：（注：打开对象捕捉，指定对称轴的任意一点）

指定镜像线的第二点：（注：指定对称轴的另一任意点）

要删除源对象吗？［是（Y）/否（N）］＜否＞：（注：按"回车"键）

作出图 4-16（b）。

4.9　阵列命令

（1）功能　阵列命令可以对选中的图形按矩形或环形做队列的多重复制，即复制出呈规则分布的图形元素。

（2）启动方法

方法一：点击"修改"工具栏图标 ⊞ 。

方法二：选择下拉菜单中"修改（M）→阵列（A）"。

方法三：在命令行输入"array"，并按"回车"键。

（3）操作方法　执行以上启动方法之一后，屏幕弹出"阵列"对话框，如图 4-17、图 4-18所示。

各选择项含义如下。

① 矩形阵列，如图 4-17 所示。

行：指定行的数目，即向上（下）复制若干行。

列：指定列的数目，即向左（右）复制若干列。

行偏移：行偏移的距离，正数则向上偏移，负数则向下偏移。

列偏移：列偏移的距离，正数则向右偏移，负数则向左偏移。

阵列角度：整个阵列图形相对水平线的夹角。

选择对象：点击"选择对象"按钮，然后在绘图区选择对象。

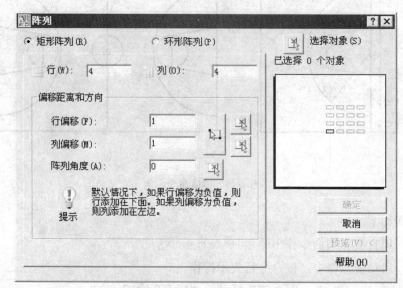

图 4-17 "阵列"对话框：矩形阵列

② 环形阵列，如图 4-18 所示。

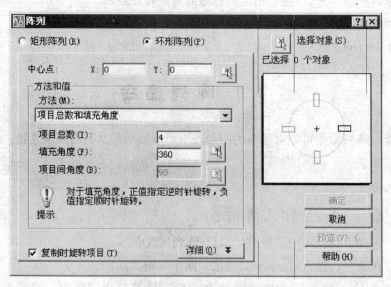

图 4-18 "阵列"对话框：环形阵列

中心点：环形阵列的中心点，点击"拾取中心点"按钮，然后在绘图区点击中心点。

方法：有"项目总数和填充角度/项目总数和项目间的角度/填充角度和项目间的角度"三个选项。

项目总数和填充角度：在指定角度范围内把图形元素均匀复制若干个。

项目总数和项目间的角度：指定图形元素复制的个数和图形元素间的角度。

填充角度和项目间的角度：在指定角度范围内复制图形元素，并指定图形元素间的角度。

选择对象：点击"选择对象"按钮，然后在绘图区选择对象。

说明：在选择对象时，如果选择多个对象，则在进行复制和阵列操作过程中，这些对象将被视为一个整体进行处理。

（4）示例

示例1：用"阵列"命令作出如图 4-19（b）所示的图形。

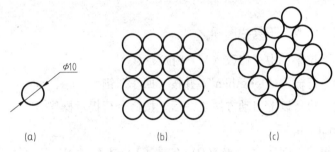

(a)　　　　　　(b)　　　　　　(c)

图 4-19　矩形阵列示例

操作步骤如下。

步骤一：用圆命令画直径为 $\phi10$ 的圆，如图 4-19（a）所示。

步骤二：启动阵列命令，打开"阵列"对话框，选择"矩形阵列"；指定参数：行：4，列：4，行偏移：10，列偏移：10，阵列角度：0；点击"选择对象"按钮，屏幕回到绘图区，选择直径为 $\phi10$ 的圆为对象，按"回车"键，屏幕返回"阵列"对话框，点击"确定"按钮，作出图 4-19（b）。

注：在上述步骤二中，如果把阵列角度改为 30，则效果如图 4-19（c）所示。

示例2：用"阵列"命令作出如图 4-20（b）所示的图形。

分析：环形阵列可用"项目总数和填充角度"、"项目总数和项目间的角度"、"填充角度和项目间的角度"三种方法作图。用"项目总数和填充角度"的方法较为常用。

方法一：填写"项目总数"和"填充角度"。

步骤一：用直线命令画 1 条水平直线，长 10mm，如图 4-20（a）所示。

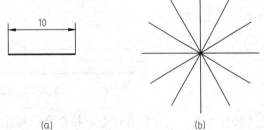

(a)　　　　　　(b)

图 4-20　环形阵列示例

步骤二：执行阵列命令，打开"阵列"对话框，选择"环形阵列"；指定直线右端点为中心点；方法："项目总数和填充角度"，项目总数：12，填充角度：360；选择该直线为对象，点击"确定"按钮，作出图 4-20（b）。

方法二：填写"项目总数"和"项目间角度"。

在"阵列"对话框中,方法:"项目总数和项目间的角度",项目总数:12,项目间的角度:30,其他选项与方法一相同。

方法三:填写"填充角度"和"项目间角度"。

在"阵列"对话框中,方法:"填充角度和项目间的角度",填充角度:360,项目间的角度:30,其他选项与方法一相同。

4.10 拉长命令

(1) 功能　拉长命令可以改变直线或圆弧的长度。

(2) 启动方法

方法一:点击"修改"工具栏图标 ✏。

方法二:选择下拉菜单中"修改(M)→拉长(G)"。

方法三:在命令行输入"lengthen",并按"回车"键。

(3) 操作方法　执行以上启动方法之一后,按命令行提示操作。

命令条目:lengthen

选择对象或[增量(DE)/百分数(P)/全部(T)/动态(DY)]:(注:选择一个对象或输入选项)

各选择项含义如下。

"增量(DE)":以指定延长直线的长度或以指定的角度延长圆弧。

"百分数(P)":通过指定对象总长度的百分数设置对象长度,如输入200%,则直线长度为原来的2倍。

"全部(T)":将对象从离选择点最近的端点拉长到指定值,输入值即为目标值,如有一条直线原长100mm,若输入200mm,则该直线拉长至200mm。

"动态(DY)":通过拖动选定对象的端点之一来改变其长度,其他端点保持不变。

(4) 示例　已知有一直线长度为50mm,用拉长命令将直线拉长10mm,如图4-21所示。

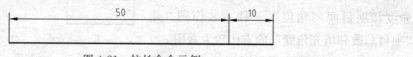

图 4-21　拉长命令示例

操作方法:启动拉长命令,按命令行提示操作。

命令条目:lengthen

选择对象或[增量(DE)/百分数(P)/全部(T)/动态(DY)]:(注:输入"de",按"回车"键)

输入长度增量或[角度(A)]<0.0000>:(注:输入"10",按"回车"键)

选择要修改的对象或[放弃(U)]:(注:点击直线的右端,按"回车"键)

说明：在机械制图中，标准规定点划线长度应超出图形外约 3~5mm，在 AutoCAD 中可使用拉长命令用增量（DE）的方法来实现，如图 4-22 所示。

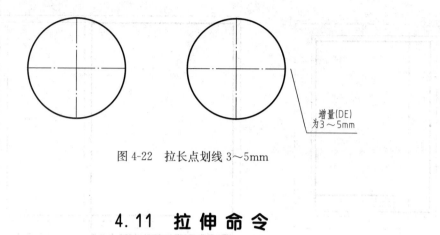

增量(DE)
为3~5mm

图 4-22　拉长点划线 3~5mm

4.11　拉伸命令

（1）功能　拉伸命令可以对图形的指定部分进行拉伸或压缩，同时保持与图形未动部分相连。

（2）启动方法

方法一：点击"修改"工具栏图标　。

方法二：选择下拉菜单中"修改（M）→拉伸（H）"。

方法三：在命令行输入"stretch"，并按"回车"键。

（3）操作方法　执行以上启动方法之一后，按命令行提示操作。

命令条目：stretch

以交叉窗口或交叉多边形选择要拉伸的对象...

选择对象：（注：使用交叉窗口方式选择对象，按"回车"键）

指定基点或［位移（D）］＜位移＞：（注：指定基点，或输入选项并按"回车"键）

指定第二个点或＜使用第一个点作为位移＞：（注：指定第二个点）

说明：拉伸命令仅移动位于交叉选择内的顶点和端点，不更改那些位于交叉选择外的顶点和端点，另外，拉伸命令不修改三维实体、多段线宽度、切向或者曲线拟合的信息。

（4）示例　把 A4 图纸拉伸为 A3 图纸，如图 4-23 所示。

操作方法：启动拉伸命令，按命令行提示操作。

命令条目：stretch

以交叉窗口或交叉多边形选择要拉伸的对象…

选择对象：（注：以点 1 和点 2 确定的交叉窗口选择 A4 图纸，如图 4-23（a）所示，按"回车"键）

指定基点或［位移（D）］＜位移＞：（注：打开对象捕捉，捕捉图纸右上角为基点）

指定第二个点或＜使用第一个点作为位移＞：（注：向右移动鼠标，输入距离"210"，

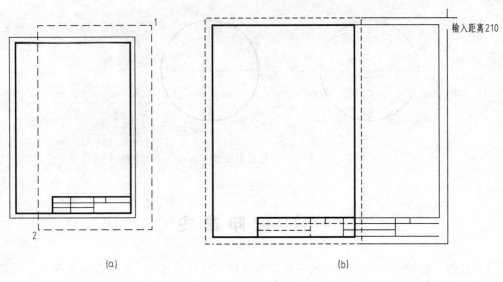

输入距离210

(a)   (b)

图 4-23　拉伸命令示例

如图 4-23（b）所示，按"回车"键）

4.12　缩 放 命 令

（1）功能　缩放命令可以将选定的图形对象以一定的比例放大或缩小。与 1.7.1 中图形的缩放不同，缩放命令改变图形的尺寸大小。

（2）启动方法

方法一：点击"修改"工具栏图标 □。

方法二：选择下拉菜单中"修改（M）→缩放（L）"。

方法三：在命令行输入"scale"，并按"回车"键。

方法四：选择要缩放的对象，然后在绘图区域中单击鼠标右键，选择"缩放"。

（3）操作方法　执行以上启动方法之一后，按命令行提示操作。

命令条目：scale

选择对象：（注：使用对象选择方法选择对象，按"回车"键）

指定基点：（注：指定表示选定对象的大小发生改变时位置保持不变的点）

指定比例因子或［复制（C）/参照（R）］：（注：输入比例因子或输入选项，按"回车"键）

各选择项含义如下。

"复制（C）"：缩放并保留源对象。

"参照（R）"：按参照长度和指定的新长度缩放所选对象。

（4）示例　把 100mm×100mm 的矩形放大成 200mm×200mm，如图 4-24 所示。

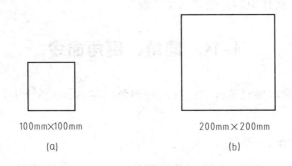

图 4-24　缩放命令示例

操作方法：启动缩放命令，按命令行提示操作。

命令条目：scale

选择对象：（注：选择 100mm×100mm 的矩形，按"回车"键）

指定基点：（注：打开对象捕捉，捕捉矩形左下角点为基点）

指定比例因子或［复制（C）/参照（R）］：（注：输入"2"按"回车"键）

4.13　分 解 命 令

（1）功能　分解命令可以将对象（如正多边形、多段线、尺寸标注、图形块等）分解为各个单独的对象。

（2）启动方法

方法一：点击"修改"工具栏图标 。

方法二：选择下拉菜单中"修改（M）→分解（X）"。

方法三：在命令行输入"explode"，并按"回车"键。

（3）操作方法　执行以上启动方法之一后，按命令行提示操作。

命令条目：explode

选择对象：（注：使用对象选择方法选择对象，按"回车"键）

（4）示例　将矩形分解为四条直线，如图 4-25 所示。

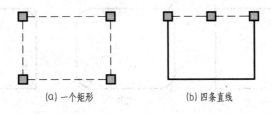

(a) 一个矩形　　　(b) 四条直线

图 4-25　分解命令示例

操作方法：启动分解命令，按命令行提示操作。

命令条目：explode

选择对象：（注：选择矩形，按"回车"键）

4.14 圆角、倒角命令

在零件图中，常常需要对零件进行圆角和倒角。在 AutoCAD 中，圆角和倒角命令的操作方法是相同的。

4.14.1 圆角命令

（1）功能 圆角命令能够给指定对象加圆角，如图 4-26 所示。

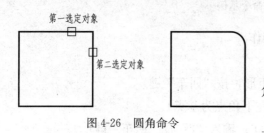

图 4-26 圆角命令

（2）启动方法

方法一：点击"修改"工具栏图标 。

方法二：选择下拉菜单中"修改（M）→圆角（F）"。

方法三：在命令行输入"fillet"，并按"回车"键。

（3）操作方法 执行以上启动方法之一后，按命令行提示操作。

命令条目：fillet

当前设置：模式＝当前值，半径＝当前值

选择第一个对象或［放弃（U）/多段线（P）/半径（R）/修剪（T）/多选（M）］：（注：选择对象，或输入选项并按"回车"键）

选择第二个对象，或按住 Shift 键选择要应用角点的对象：（注：选择对象）

各选择项含义如下。

"半径（R)"：圆角半径的初始值为 0，用户根据自己需要设置。

"修剪（T)"：圆角的模式有两种，即修剪（T）和不修剪（N），可以通过此选项更改。

"多选（M)"：给多个对象倒圆角。"fillet"将重复显示主提示和"选择第二个对象"提示，直到用户按"回车"键结束该命令。

（4）示例 将图 4-27（a）所示的矩形按图 4-27（b）进行圆角。

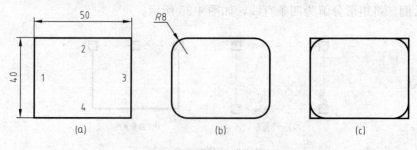

图 4-27 圆角命令示例

操作方法：启动圆角命令，按命令行提示操作。

命令条目：fillet

当前设置：模式＝修剪，半径＝0.0000

选择第一个对象或［放弃（U）/多段线（P）/半径（R）/修剪（T）/多选（M）］：（注：输入"r"，按"回车"键）

指定圆角半径＜0.0000＞：（注：输入"8"，按"回车"键）

选择第一个对象或［放弃（U）/多段线（P）/半径（R）/修剪（T）/多个（M）］：（注：输入"m"，按"回车"键）

选择第一个对象或［放弃（U）/多段线（P）/半径（R）/修剪（T）/多个（M）］：（注：选择矩形的边 1）

选择第二个对象，或按住 Shift 键选择要应用角点的对象：（注：选择矩形的边 2）

再分别选择矩形的边 2 和 3、3 和 4、4 和 1，最后按"回车"键结束，作出图4-27（b）。若多输入一个选项"t"，在"输入修剪模式选项中"输入"n"（不修剪），则可作出图4-27（c）。

4.14.2　倒角命令

（1）功能　倒角命令能够给指定对象加倒角，如图 4-28 所示。

（2）启动方法

方法一：点击"修改"工具栏图标 ，。

方法二：选择下拉菜单中"修改（M）→倒角（C）"。

方法三：在命令行输入"chamfer"，并按"回车"键。

（3）操作方法　执行以上启动方法之一后，按命令行提示操作。

命令条目：chamfer

（"修剪"模式）当前倒角距离 1＝当前，距离 2＝当前

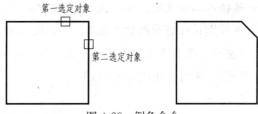

图 4-28　倒角命令

选择第一条直线或［放弃（U）/多段线（P）/距离（D）/角度（A）/修剪（T）/方式（E）/多个（M）］：（注：选择对象，或输入选项并按"回车"键）

选择第二条直线，或按住 Shift 键选择要应用角点的直线：（注：选择对象）

各选择项含义如下。

"距离（D）"：倒角距离初始值为 0，用户根据自己需要设置，要输入两个倒角的距离，倒角两边距离可以相等也可以不相等。

"修剪（T）"：倒角的模式有两种，即修剪（T）和不修剪（N），可以通过此选项更改。

"多个（M）"：给多个对象加倒角。"chamfer"将重复显示主提示和"选择第二个对象"提示，直到用户按"回车"键结束该命令。

（4）示例　将图 4-29（a）所示的矩形按图 4-29（b）进行倒角。

操作方法：启动圆角命令，按命令行提示操作。

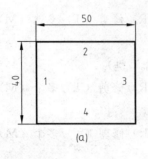
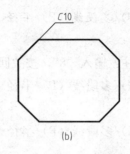
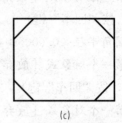

图 4-29　倒角命令示例

命令：_chamfer

（"修剪"模式）当前倒角距离 1＝0.0000，距离 2＝0.0000

选择第一条直线或［放弃（U）/多段线（P）/距离（D）/角度（A）/修剪（T）/方式（E）/多个（M）］：（注：输入"d"，按"回车"键）

指定第一个倒角距离＜0.0000＞：（注：输入"10"，按"回车"键）

指定第二个倒角距离＜10.0000＞：（注：按"回车"键）

选择第一条直线或［放弃（U）/多段线（P）/距离（D）/角度（A）/修剪（T）/方式（E）/多个（M）］：（注：输入"m"，按"回车"键）

选择第一条直线或［放弃（U）/多段线（P）/距离（D）/角度（A）/修剪（T）/方式（E）/多个（M）］：（注：选择矩形的边 1）

选择第二条直线，或按住 Shift 键选择要应用角点的直线：（注：选择矩形的边 2）

再分别选择矩形的边 2 和 3、3 和 4、4 和 1，最后按"回车"键结束，作出图4-29（b）。

（说明：在上述操作中，若多输入一个选项"t"，在"输入修剪模式选项中"输入"n"（不修剪），则可作出图 4-29（c）。

4.15　夹点编辑

（1）功能　夹点编辑可以对选中的对象进行移动、镜像、旋转、缩放、拉伸和复制等，而不用激活通常的"修改"命令。

（2）操作方法　在"命令："提示下，利用十字光标中心的对象选择框直接单击要选择的图形对象，此时，所选对象呈虚线显示，并在所选对象出现若干蓝色的小方框，这些小方框所确定的点是所选对象的关键点，叫做"夹点"。单击夹点后，夹点被激活，命令行出现提示：

指定拉伸点或［基点（B）/复制（C）/放弃（U）/退出（X）］：

各选择项含义如下。

"拉伸"：默认项，通过移动选定加点到新位置来拉伸对象。

"基点（B）"：该选项允许在夹点外任意指定一点作为基点来移动对象。

"复制（C）"：该选项允许对所选对象进行多次移动复制，并保留所有移动后的图形对象。

"放弃（U）"：该选项允许取消上一次操作。

"退出（X）"：用于退出夹点编辑模式。

当夹点被激活后，单击鼠标右键，屏幕则出现如图 4-30 所示的菜单。

各选择项含义如下。

"移动（M）"：可以移动对象和对所选定对象进行多次复制。

"镜像（I）"：可以将所选对象按指定的镜像线进行镜像复制，同时可以删除或保留原对象。

"旋转（R）"：可以通过拖动和指定点位置绕基点旋转选定对象，也可以输入角度值。

"缩放（L）"：可以相对于基点缩放选定对象。

"拉伸（S）"：可以对图形的指定部分进行拉伸或压缩。

说明：图 4-31 所示是使用"夹点编辑"进行图形的移动、镜像、旋转和缩放。

（3）示例　用夹点编辑命令把直线 *AB* 拉伸，与直线 *CD* 相交，如图 4-32 所示。

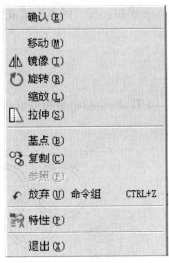

图 4-30　夹点编辑菜单

分析：本题可用延伸命令作图，也可用夹点编辑命令作图，用夹点编辑命令作图更加方便快捷。

操作步骤如下。

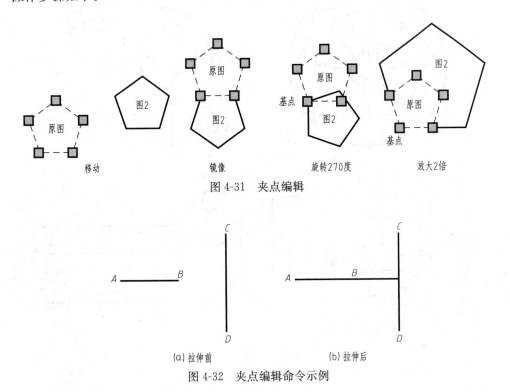

图 4-31　夹点编辑

（a）拉伸前　　　（b）拉伸后

图 4-32　夹点编辑命令示例

步骤一：选择直线 AB。

步骤二：点击端点 B（B 点变成红色）。

步骤三：（打开极轴追踪和对象捕捉），向右移动鼠标，在与直线 CD 产生极轴交点处点击鼠标左键。

步骤四：按"回车"键或按"Esc"键退出。

习 题 4

4-1 用绘图命令和编辑命令画出图 4-33（不标注尺寸）。

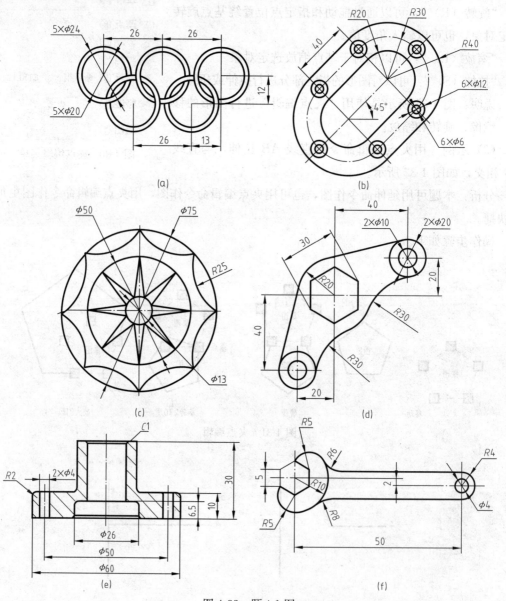

图 4-33 题 4-1 图

4-2 用绘图命令和编辑命令画出图 4-34 的两组视图（不标注尺寸）。

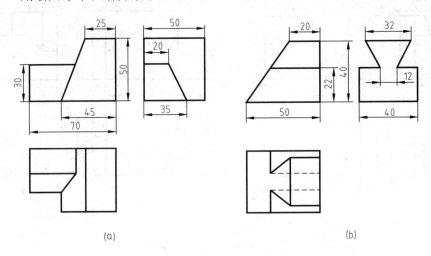

(a)　　　　　　　　　　　　　　　　(b)

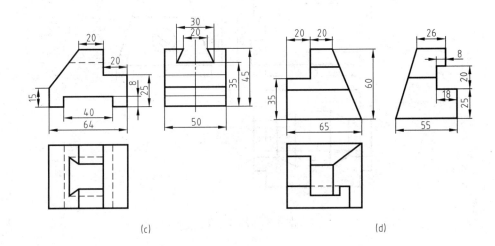

(c)　　　　　　　　　　　　　　　　(d)

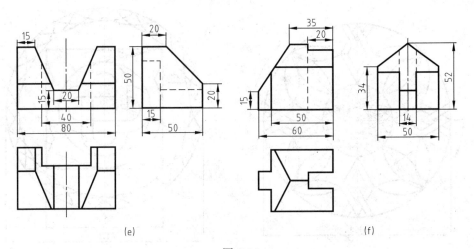

(e)　　　　　　　　　　　　　　　　(f)

图 4-34

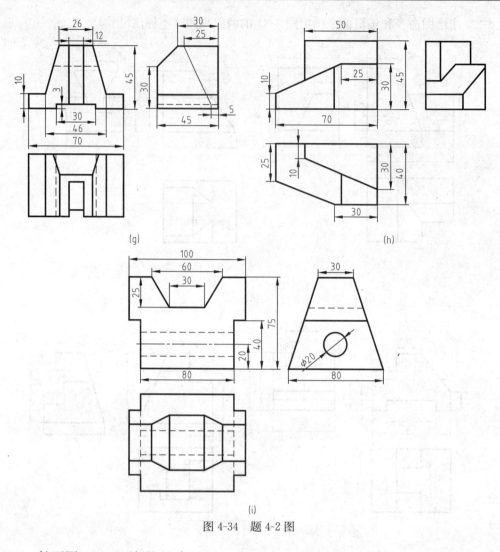

图 4-34 题 4-2 图

4-3 抄画图 4-35（不标注尺寸）。

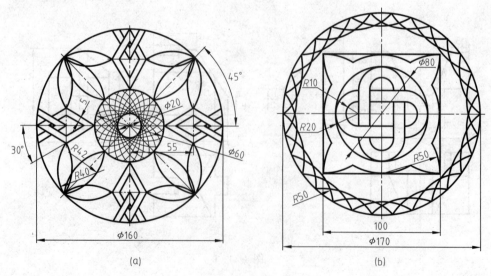

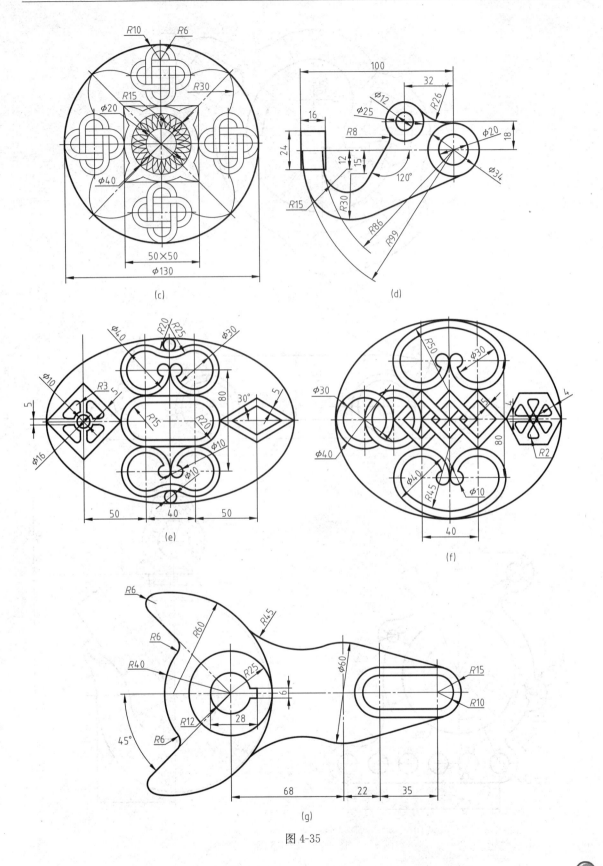

图 4-35

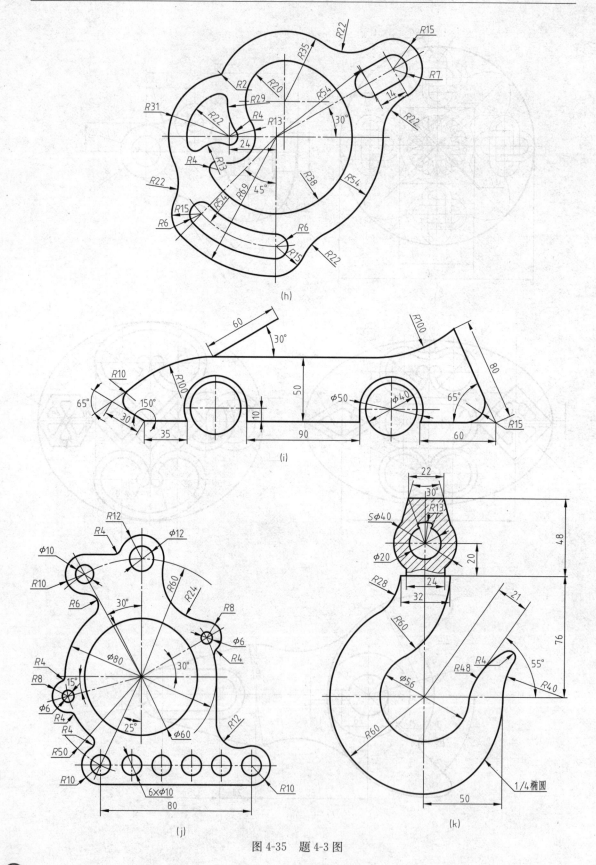

图4-35 题4-3图

第5章 标 注

绘制机械图形的根本目的是反映对象的形状、大小、相互位置关系和公差要求等，标注是绘图设计工作中的一项重要内容，反映对象大小、相互位置关系和公差要求等。AutoCAD2008 包含了一套完整的尺寸标注命令和实用程序，用户使用它们可以完成图纸中要求的尺寸标注。

标注包括尺寸标注、公差标注。尺寸标注的类型有线性标注、直径标注、半径标注和角度标注等；公差标注的类型有尺寸公差标注、形位公差标注和表面粗糙度标注等，如图 5-1 所示。

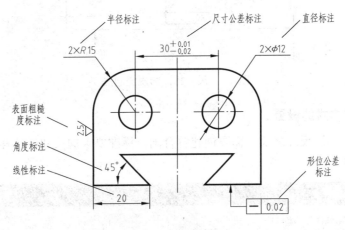

图 5-1　标注类型

5.1 尺 寸 标 注

图形中对象的大小及其相互位置需要用尺寸来确定，因此要用尺寸标注来明确实际工程形体的大小。常用的尺寸标注工具条可以通过右键单击 AutoCAD 界面任何工具栏，然后单击快捷菜单上的"尺寸标注"调出，"尺寸标注"工具条如图 5-2 所示。

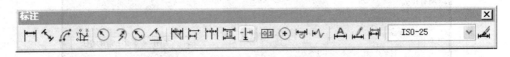

图 5-2　"尺寸标注"工具条

5.1.1 尺寸标注的基本规定

在机械制图或其他工程绘图中，一个完整的尺寸标注应由尺寸界线、尺寸线、尺寸数字、箭头等组成，如图 5-3 所示。

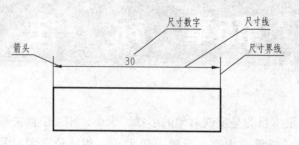

图 5-3 尺寸标注的组成

国家标准对尺寸标注做了详细的规定，绘制机械图样时应严格按照这些规定执行。尺寸数字距离尺寸线为 1～2mm，字体高度约为 3.5mm，尺寸界线一般超出尺寸线终端 2～3mm，如图 5-4 所示。

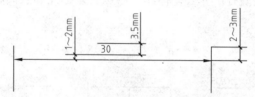

图 5-4 尺寸标注的规定画法

5.1.2 标注样式的设置

（1）功能　在标注尺寸之前，需要创建符合国家标准要求的尺寸标注样式。

（2）启动方法

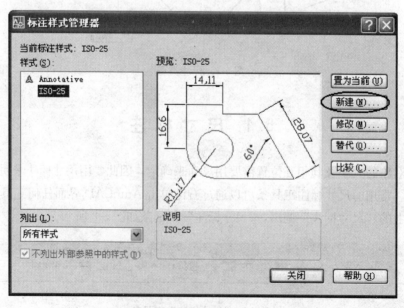

图 5-5 "标注样式管理器"对话框

方法一：点击"标注"工具条图标 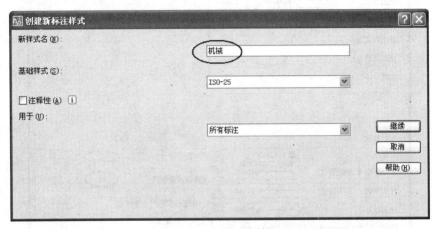。

方法二：选择下拉菜单中"标注→标注样式（S)..."或"格式→标注样式（S)..."。

方法三：在命令行输入"ddim（d)"，并按"回车"键。

（3）操作方法　在执行以上启动方法之一后，屏幕弹出"标注样式管理器"对话框，如图 5-5 所示。系统默认标注样式为 ISO-25，通过"标注样式管理器"对话框可根据实际情况新建尺寸标注样式。在 AutoCAD 中，需设置"机械"样式，包括"线性标注"、"直径标注"、"半径标注"和"角度尺寸"几部分组成。

① 新建"机械"样式。单击"标注样式管理器"的"新建"按钮，屏幕弹出"创建新标注样式"对话框，在"新样式名"中输入"机械"，其他选项不需改变，如图 5-6 所示。

图 5-6　"创建新标注样式：机械"对话框

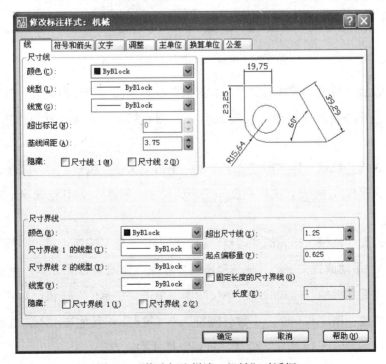

图 5-7　"修改标注样式：机械"对话框

单击"继续"按钮，屏幕弹出"新建标注样式：机械"对话框，如图 5-7 所示。需对"线"、"符号和箭头"、"文字"、"调整"和"主单位"进行修改，步骤如下。

步骤一：设置"机械"样式的"线"项。单击"线"按钮，对"线"中的选项进行如下修改：基线间距⑧，超出尺寸线②，起点偏移量⑩，其他选项不需要修改，如图 5 8 所示。

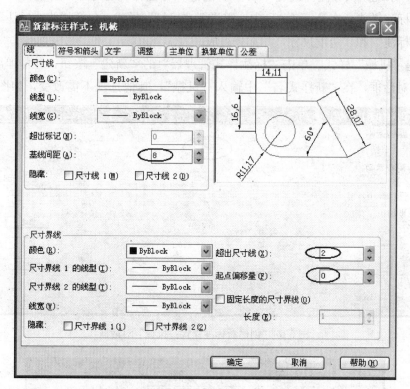

图 5-8 "机械"样式的"线"项设置

步骤二：设置"机械"样式的"符号和箭头"项。单击"符号和箭头"按钮，对"符号和箭头"中的选项进行如下修改：箭头大小③，圆心标记：⊙无，其他选项不需要修改，如图 5-9 所示。

步骤三：设置"机械"样式的"文字"项。单击"文字"按钮，对"文字"中的选项进行如下修改：文字样式机械，文字高度3.5，从尺寸线偏移①，其他选项不需要修改，如图 5-10 所示。

步骤四：设置"机械"样式的"调整"项。单击"调整"按钮，对"调整"中的选项进行如下修改：√手动放置文字，其他选项不需要修改，如图 5-11 所示。

步骤五：设置"机械"样式的"主单位"项。单击"主单位"按钮，对"主单位"中的选项进行如下修改：精度0.000，小数分隔符"."（句点），其他选项不需要修改，最后单击"确定"按钮，如图 5-12 所示，完成"机械"样式的设置。

② 设置"机械：线性"子样式。单击"标注样式管理器"的"新建"按钮，屏幕弹出

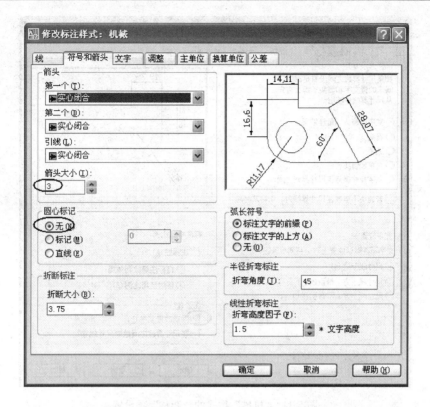

图 5-9　"机械"样式的"符号和箭头"项设置

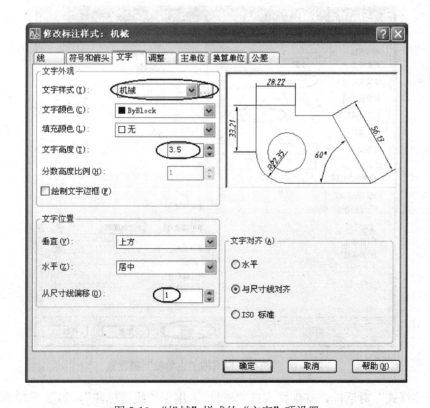

图 5-10　"机械"样式的"文字"项设置

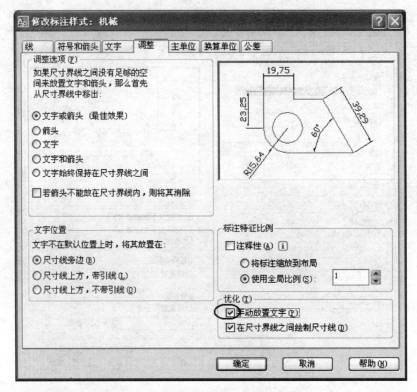

图 5-11 "机械"样式的"调整"项设置

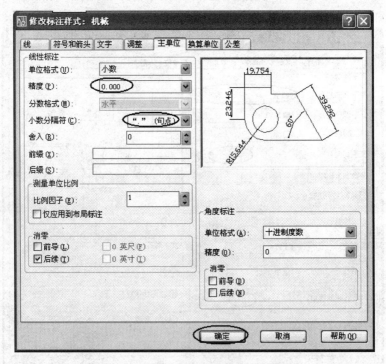

图 5-12 "机械"样式的"主单位"项设置

"创建新标注样式"对话框，基础样式选"机械"，用于"线性标注"，如图 5-13 所示，单击
"继续"按钮，屏幕弹出"新建标注样式：机械：线性"对话框，单击"确定"按钮，完成

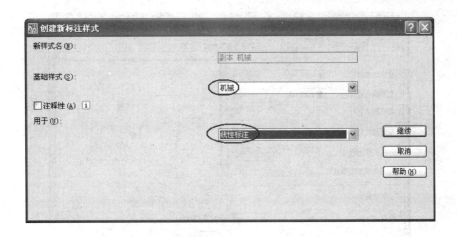

图 5-13 "创建新标注样式：机械：线性"对话框

"机械：线性"子样式的设置。

③ 设置"机械：角度"子样式。单击"标注样式管理器"的"新建"按钮，屏幕弹出"创建新标注样式"对话框，基础样式选"机械"，用于"角度标注"，如图 5-14 所示，单击"继续"按钮，屏幕弹出"新建标注样式：机械：角度"对话框，单击"文字"按钮，对"文字"中的选项进行如下修改：文字位置：垂直 外部 ，文字对齐⊙水平，其他选项不需要修改，最后单击"确定"按钮，如图 5-15 所示，完成"机械：角度"子样式的设置。

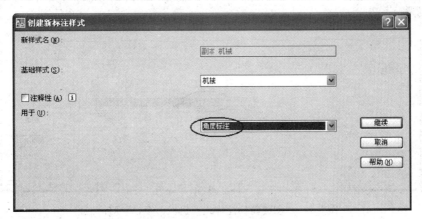

图 5-14 "创建新标注样式：机械：角度"对话框

④ 设置"机械：半径"子样式。单击"标注样式管理器"的"新建"按钮，屏幕弹出"创建新标注样式"对话框，基础样式选"机械"，用于"半径标注"，如图 5-16 所示，单击"继续"按钮，屏幕弹出"新建标注样式：机械：半径"对话框，单击"文字"按钮，对"文字"中的选项进行如下修改：文字对齐⊙ISO 标准，其他选项不需要修改，如图 5-17 所示。单击"调整"按钮，对"调整"中的选项进行如下修改：⊙箭头，最后单击"确定"按钮，如图 5-18 所示，完成"机械：半径"子样式的设置。

⑤ 设置"机械：直径"子样式。"机械：直径"子样式与"机械：半径"子样式的设置方法相同，在此不再阐述。

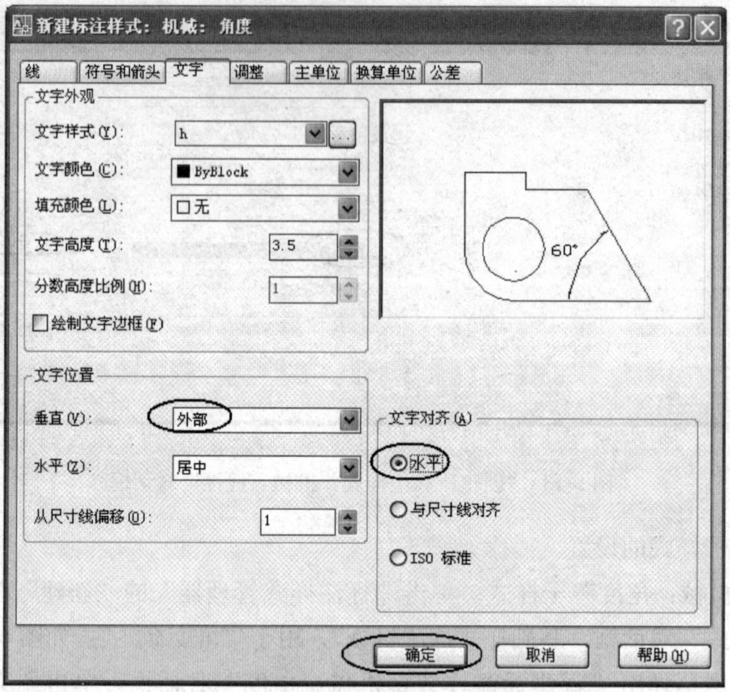

图 5-15 "机械：角度"子样式的"文字"项设置

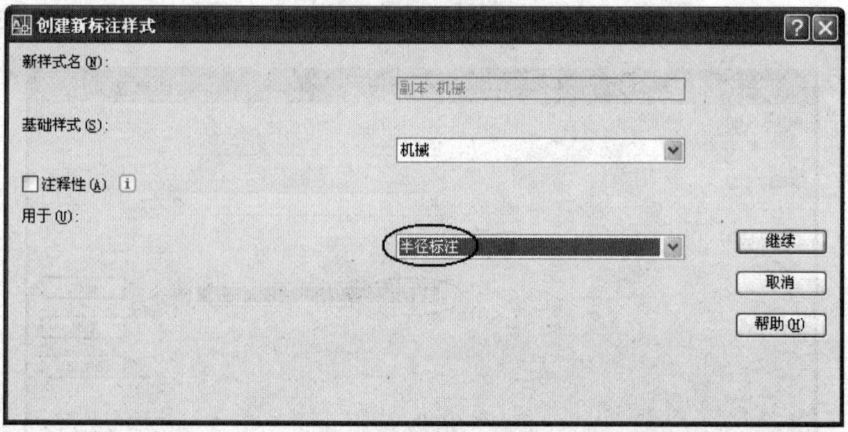

图 5-16 "创建新标注样式：机械：半径"对话框

完成"机械"样式的设置。

说明：在 AutoCAD 中，标注样式没有固定的设置样式，需根据国家标准和绘图的实际情况而进行设置。上述"机械"样式设置符合国家标准和计算机绘图员考证的要求，但设置较为烦琐。在标注要求不十分严格的情况下，为简便设置标注样式，可设置"机械 2"样式代替"机械"样式，步骤如下。

步骤一：新建"机械 2"样式，用于所有标注，按图 5-19 所示设置。

步骤二：设置"机械 2"样式的"线"项，按图 5-20 所示设置。

步骤三：设置"机械 2"样式的"符号和箭头"项，按图 5-21 所示设置。

步骤四：设置"机械 2"样式的"文字"项，按图 5-22 所示设置。

图 5-17　"机械：半径"子样式的"文字"项设置

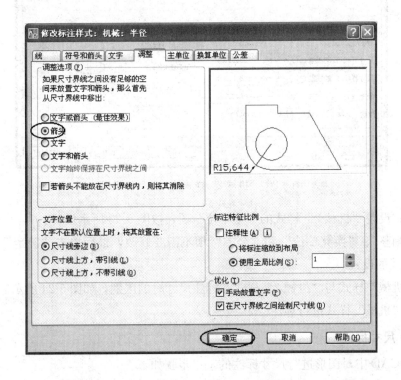

图 5-18　"机械：半径"子样式的"调整"项设置

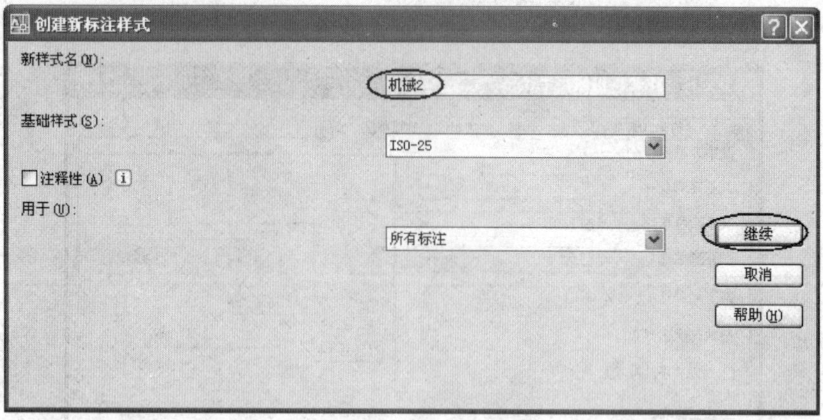

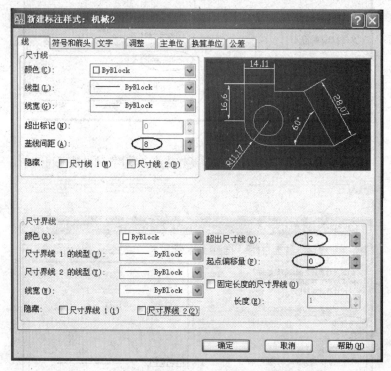

图 5-19 "创建新标注样式：机械 2"对话框

图 5-20 "机械 2"样式的"线"项设置

步骤五：设置"机械 2"样式的"主单位"项，按图 5-23 所示设置。

其他"调整"、"换算单位"和"公差"项不需要修改，最后单击"确定"按钮，完成"机械 2"样式的设置。

设置"机械"样式与"机械 2"样式在标注尺寸时的区别，如图 5-24 所示。本教材的尺寸标注采用"机械"样式进行标注。

5.1.3 尺寸标注

在 AutoCAD 中对图形进行尺寸标注的基本步骤如下。

步骤一：点击"图层"工具栏图标 ，打开"图层特性管理器"对话框，创建图层，

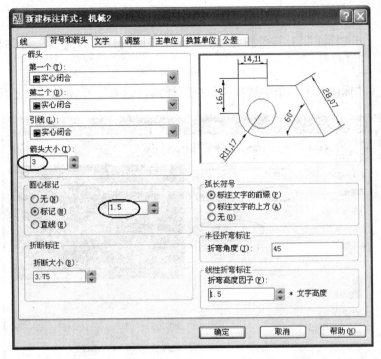

图 5-21　"机械 2"样式的"符号和箭头"项设置

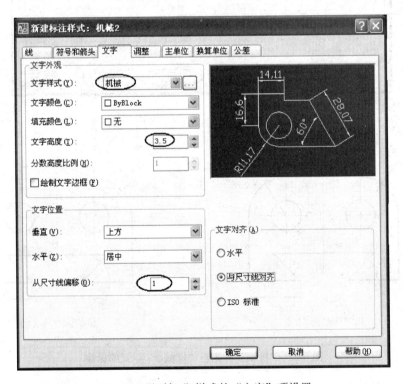

图 5-22　"机械 2"样式的"文字"项设置

02 图层用于尺寸标注。

步骤二：点击"文字"工具条图标 ，打开"文字样式"对话框，创建文字样式（机械样式）。

步骤三：点击"标注"工具条图标 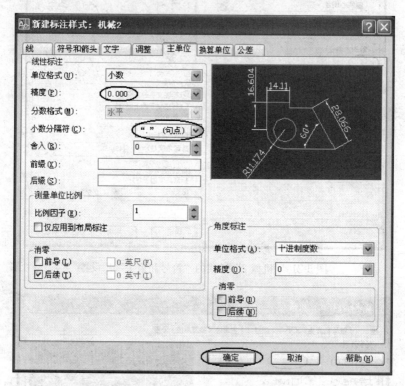，打开"标注样式管理器"对话框，设置"机械"标注样式。

步骤四：在"标注"工具条中选择"机械"样式，如图 5-25 所示，用于尺寸标注。

图 5-23 "机械 2"样式的"主单位"项设置

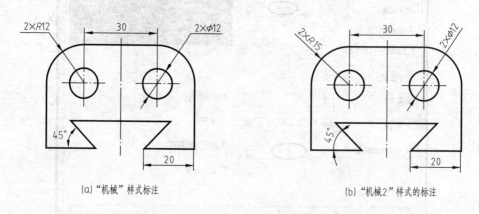

(a)"机械"样式标注　　　　　　　　(b)"机械2"样式的标注

图 5-24 "机械"样式与"机械 2"样式的标注

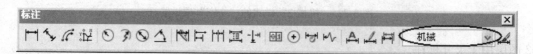

图 5-25 在"标注"工具条中选择"机械"样式

步骤五：使用"标注"和"对象捕捉"等功能，对图形中的元素进行标注。包括：直线标注、角度标注、半径标注和直径标注。

（1）直线标注　直线标注包括线性标注、对齐标注、基线标注和连续标注，如图 5-26 所示。

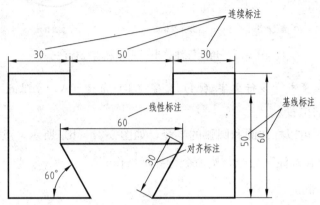

图 5-26　线性标注、对齐标注、基线标注和连续标注

① 线性标注。点击"标注"工具栏图标 ⊢⊣，启动"线性标注"命令，按命令行提示操作。

命令：_ dimlinear

指定第一条尺寸界线原点或＜选择对象＞：（注：打开"对象捕捉"，捕捉直线的一个端点）

指定第二条尺寸界线原点：（注：打开"对象捕捉"，捕捉直线的另一端点）

指定尺寸线位置或［多行文字（M）/文字（T）/角度（A）/水平（H）/垂直（V）/旋转（R）］：（注：确定文字在尺寸线上的位置）

② 对齐标注。点击"标注"工具栏图标 ⬉，打开"对象捕捉"，捕捉直线的两端点进行对齐标注。

③ 基线标注。在进行基线标注之前必须先创建一个线性标注作为基准标注，点击"标注"工具栏图标 ⊢⊟，打开"对象捕捉"，捕捉直线的另一端点进行基线标注，直到按下"回车"键结束命令为止。

④ 连续标注。在进行连续标注之前也必须先创建一个线性标注，点击"标注"工具栏图标 ⊢⊣⊢，打开"对象捕捉"，捕捉直线的另一端点进行连续标注，直到按下"回车"键结束命令为止。

（2）角度标注　可以标注两条直线间的角度和圆弧的角度，如图 5-27（a）所示，点击"标注"工具栏图标 ⬠，启动"角度标注"命令，按命令行提示操作。

命令：_ dimangular

选择圆弧、圆、直线或＜指定顶点＞：（注：选择要标注角度的一条直线或圆弧）

选择第二条直线：（注：选择要标注角度的另一条直线）

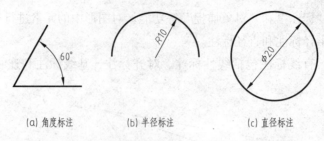

(a) 角度标注　　　(b) 半径标注　　　(c) 直径标注

图 5-27　角度标注、半径标注和直径标注

指定标注弧线位置或［多行文字（M）/文字（T）/角度（A）/象限点（Q）］：（注：确定文字在标注弧线上的位置）

（3）半径标注　可以标注圆和圆弧的半径，如图 5-27（b）所示，点击"标注"工具栏图标◯，启动"半径标注"命令，按命令行提示操作。

命令：_ dimradius

选择圆弧或圆：（注：选择要标注角度的圆或圆弧）

标注文字＝

指定尺寸线位置或［多行文字（M）/文字（T）/角度（A）］：（注：确定文字在标注尺寸线上的位置）

（4）直径标注　可以标注圆和圆弧的直径，如图 5-27（c）所示，点击"标注"工具栏图标◯，启动"直径标注"命令，按命令行提示操作。

命令：_ dimdiameter

选择圆弧或圆：（注：选择要标注角度的圆或圆弧）

标注文字＝

指定尺寸线位置或［多行文字（M）/文字（T）/角度（A）］：（注：确定文字在标注尺寸线上的位置）

5.2　尺寸公差的标注

（1）功能　设置尺寸公差标注样式，进行尺寸公差标注。

（2）操作方法　在设置"机械"样式后，设置"公差"样式，进行尺寸公差标注，操作步骤如下。

步骤一：单击"标注样式管理器"的"新建"按钮，屏幕弹出"创建新标注样式"对话框，在"新样式名"中输入"公差"，基础样式选"机械"，用于"所有标注"，如图 5-28 所示。

步骤二：单击图 5-28 所示的"继续"按钮，屏幕弹出"新建标注样式：公差"对话框，单击"公差"按钮，对"公差"中的选项进行如下修改：方式 极限偏差，精度 0.000，上偏差 输入数值（例 0.002），下偏差 输入数值（例 0.003），高度比例 0.7，

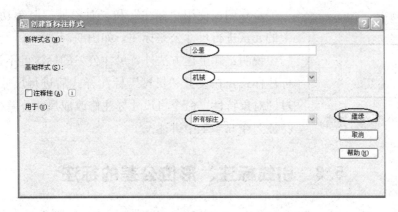

图 5-28　"创建新标注样式：公差"对话框

垂直位置 中 ，其他选项不需要修改，最后单击"确定"按钮，如图 5-29 所示，完成"公差"样式的设置。

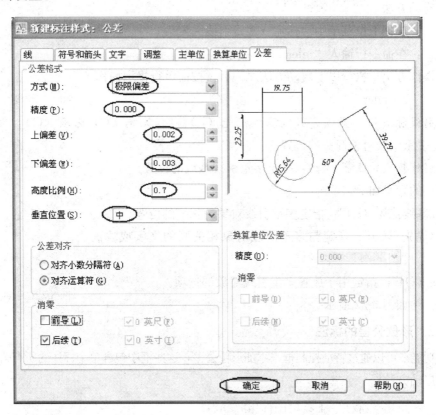

图 5-29　"公差"样式的"公差"按钮

步骤三：在"标注"工具条中选择"公差"样式，如图 5-30 所示。

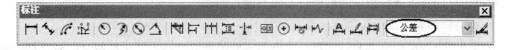

图 5-30　"公差"样式

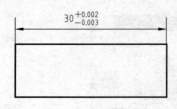

图 5-31　尺寸公差标注

步骤四：使用"标注"和"对象捕捉"等功能，对图形中的元素进行尺寸公差标注，如图 5-31 所示。

说明：除上述方法外，尺寸公差的标注可不设置"公差"标注样式，在设置"机械"标注样式后进行尺寸标注，再通过"对象特性"命令将尺寸标注修改成尺寸公差标注，"对象特征"在 5.4.1 中讲述。

5.3　引线标注、形位公差的标注

5.3.1　引线标注

（1）功能　利用引线标注，用户可以标注一些注释和说明等。引线对象是一条直线或样条曲线，其一端带有箭头，另一端带有多行文字对象或块。

（2）启动方法

方法一：选择下拉菜单中"标注→多重引线（E）"。

方法二：在命令行输入"mleader"，并按"回车"键。

（3）操作方法　执行以上启动方法之一后，按命令行提示操作。

命令：_ mleader

指定引线箭头的位置或［引线基线优先（L）/内容优先（C）/选项（O）］＜选项＞：（注：指定多重引线对象箭头的位置）

指定引线基线的位置：（注：指定多重引线基线的位置）

各选项的含义如下。

"引线基线优先（L）"：指定多重引线对象的基线的位置。

"内容优先（C）"：指定与多重引线对象相关联的文字或块的位置。

"选项（O）"：指定用于放置多重引线对象的选项。

引线标注如图 5-32 所示。

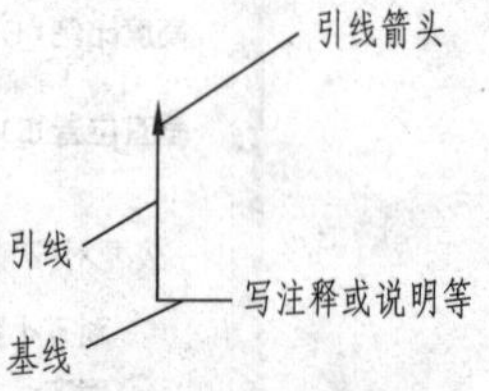

图 5-32　引线标注图

5.3.2　形位公差的标注

（1）功能　可以通过特征控制框来添加形位公差，这些框中包含单个标注的所有公差信息。

（2）启动方法

方法一：点击"标注"工具栏图标 ⊞⊡ 。

方法二：在命令行输入"tolerance"，并按"回车"键。

（3）操作方法　执行以上启动方法之一后，弹出"形位公差"对话框，如图 5-33 所示，然后根据图样的要求选择相应的形位公差项目进行标注。

"形位公差"对话框中各选项的含义如下。

"符号"：设置形位公差的特征符号，点击下面的方框，弹出"特征符号"对话框，如图 5-34 所示，选择要标注的形位公差符号。

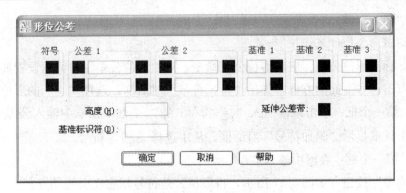

图 5-33　"形位公差"对话框

"公差 1"：创建特征控制框中的第一个公差值。公差值指明了几何特征相对于精确形状的允许偏差量，可在公差值前插入直径符号，在其后插入包容条件符号。第一个框：在公差值前面插入直径符号，单击该框插入直径符号。第二个框：创建公差值，在框中输入值。第三个框：显示"附加符号"对话框，如图 5-35 所示，从中选择符号。

"公差 2"：创建特征控制框中的第二个公差值。

"基准 1"：在特征控制框中创建第一级基准参照。第一个框：创建基准参照值，在框中输入值。第二个框：显示"附加符号"对话框，如图 5-35 所示，从中选择符号。

图 5-34　"特征符号"对话框

图 5-35　"附加符号"对话框

"基准 2"：在特征控制框中创建第二级基准参照。

"基准 3"：在特征控制框中创建第三级基准参照。

"高度"：创建特征控制框中的投影公差零值，一般为空框。

"基准标识符"：创建由参照字母组成的基准标识符，一般为空框。

（4）示例　标注形位公差和倒角，如图 5-36 所示。

操作步骤如下。

步骤一：作形位公差引线。启动引线标注命令，按命令行提示操作。

命令：_ mleader

指定引线箭头的位置或 [引线基线优先 (L)/内容优先 (C)/选项 (O)]＜选项＞：（注：捕捉 ϕ30 尺寸线下端箭头，指定引线箭头的位置）

指定引线基线的位置：（注：指定引线基线

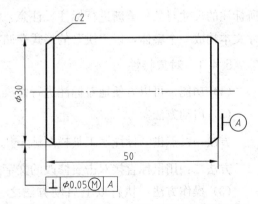

图 5-36　引线标注、形位公差的标注示例

的位置并按"回车"键）

用夹点编辑命令拉伸基线长度。

步骤二：标注形位公差。启动形位公差命令，对"形位公差"对话框设置如下。

符号：点击符号下面的方框，弹出"特征符号"对话框，选择"⊥"的形位公差符号。

公差 1：第一个框：单击该框插入"ϕ"符号；第二个框：在框中输入公差值 0.05；第三个框：单击该框显示"附加符号"对话框，从中选择"Ⓜ"符号。

基准 1：第一个框：在框中输入"A"。

单击"确定"按钮，如图 5-37 所示。将形位公差符号指定在引线端点。

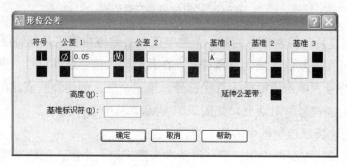

图 5-37　标注形位公差

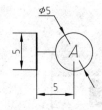

图 5-38　基准符号

步骤三：用直线命令和圆命令画基准符号，尺寸如图 5-38 所示，用"多行文字"命令输入字母"A"，文字样式"机械"，字高"3.5"，并将基准符号指定在距离基准面 1～2mm。

步骤四：标注倒角 C2。用"直线"命令作出引线，用"多行文字"命令在引线上方位置注写文字"C2"。

注：机械图样中的倒角尺寸是无箭头的引线型尺寸，在 AutoCAD2008 中，可用直线代替倒角的引线。

5.4　标注的修改

在 AutoCAD 中，可以对已标注对象的文字、位置及样式等内容进行修改，而不必删除所标注的尺寸对象再重新进行标注。注意：AutoCAD 系统将尺寸界线、箭头、尺寸线、尺寸文本构成一个整体，以"块"的形式存储在图形文件中，不要炸开后进行修改。

5.4.1　对象特性

（1）功能　可以方便地对标注进行修改。

（2）启动方法

方法一：点击"标注"工具栏图标 ![icon] 。

方法二：用鼠标直接双击要修改的文字。

（3）操作方法　执行以上启动方法之一后，弹出"特性"面板，如图 5-39 所示，在"特性"面板中包括了"基本"、"其他"、"直线和箭头"、"文字"、"调整"、"主单位"、"换算单位"和"公差"八个卷展栏，对面板中的选项输入更改的内容后，关闭"特性"对话框，按"Esc"键，完成标注的修改。

（4）示例 将尺寸标注"30"改为尺寸公差标注"$30^{+0.002}_{-0.003}$"，如图 5-40 所示。

操作步骤如下。

步骤一：选择尺寸标注"30"对象，启动对象特性命令，打开"特性"面板。

步骤二：对"特性"面板的"公差"卷展栏进行如下修改：显示公差 极限偏差 ，公差下偏差 0.003 ，公差上偏差 0.002 ，水平放置位置 中 ，公差精度 0.000 ，公差文字高度 0.7 ，其他选项不需要修改，如图 5-41 所示。关闭"特性"对话框，按"Esc"键，完成对标注的修改。

图 5-39 "特性"面板

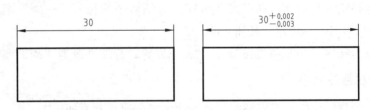

图 5-40 对象特性命令示例

图 5-41 "特性"面板设置

5.4.2 编辑标注

（1）功能 创建标注后，可以将现有标注文字替换为新文字。

（2）启动方法

方法一：点击"标注"工具栏图标 🄰 。

方法二：在命令行输入"dimedit"，并按"回车"键。

（3）操作方法 执行以上启动方法之一后，按命令行提示操作。

命令：_dimedit

输入标注编辑类型［默认（H）/新建（N）/旋转（R）/倾斜（O）］＜默认＞：（注：输入选项或按"回车"键）

各选项的含义如下。

"默认（H）"：将旋转标注文字移回默认位置。

"新建（N）"：更改标注文字。

"旋转（R)"：旋转标注文字。

"倾斜（O)"：调整线性标注尺寸界线的倾斜角度。

（4）示例　将尺寸标注"40"和"46"改为"ϕ40"和"ϕ46"，如图 5-42 所示。

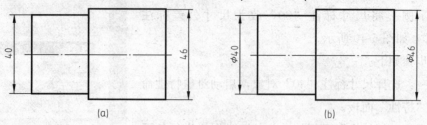

图 5-42　编辑标注示例

操作步骤如下。

步骤一：启动编辑标注命令，按命令行提示操作。

输入标注编辑类型［默认（H)/新建（N)/旋转（R)/倾斜（O)］＜默认＞：（注：输入"n"，按"回车"键）

弹出"文字格式"对话框，在"文字格式"对话框中的符号"＜＞"前输入"％％C"或选择"ϕ"符号，点击"确定"按钮。

步骤二：点击标注"40"和"46"，按"回车"键，标注更改为"ϕ40"和"ϕ46"。

5.4.3　编辑标注文字

（1）功能　创建标注后，可以修改现有标注文字的位置和方向。

（2）启动方法

方法一：点击"标注"工具栏图标 。

方法二：选择下拉菜单中"标注→对齐文字"。

方法三：在命令行输入"dimtedit"，并按"回车"键。

（3）操作方法　执行以上启动方法之一后，按命令行提示操作。

命令：_dimtedit

选择标注：（注：选择标注对象）

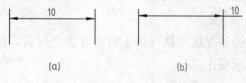

图 5-43　编辑标注文字命令例

指定标注文字的新位置或［左（L)/右（R)/中心（C)/默认（H)/角度（A)］：（注：指定点或输入选项）

例：将图 5-43（a）中标注的文字位置移出，如图 5-43（b）所示。

5.5　图形块及表面粗糙度的标注

5.5.1　图形块

在绘制图形时，如果图形中有大量相同或相似的内容，或者所绘制的图形与已有的图形文件相同，如表面粗糙度符号和齿轮、螺栓、螺母等一些常用的符号和标准件，可以把要重复绘制的图形创建成块（也称为图块），并根据需要为块创建属性，指定块的名称等信息，在需要时可以将它按指定的比例、角度和位置添加到当前图形中，从而提高绘图效率。下面以表面粗糙度标注为例，说明图形块的操作。

5.5.2　表面粗糙度的标注

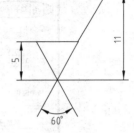

图 5-44　表面粗糙度符号尺寸

在图形中有大量相同的表面粗糙度符号，在标注时可将表面粗糙度符号定义成图形块并存入磁盘，根据图形需要将图形块插入到图形中，具体操作步骤如下。

步骤一：选择"02"图层为当前图层，画出表面粗糙度符号，如图 5-44 所示。

步骤二：定义块属性。选择下拉菜单中"绘图→块→定义属性（d）…"，屏幕弹出"属性定义"对话框，对对话框中的选项进行如下设置：标记 Ra，提示 粗糙度，对正 中间，文字样式 机械，文字高度 3.5，其他选项不需填写或不需修改，如图 5-45 所示，单击"确定"按钮，屏幕回到绘图区，在表面粗糙度符号上方确定标记位置，如图 5-46 所示。

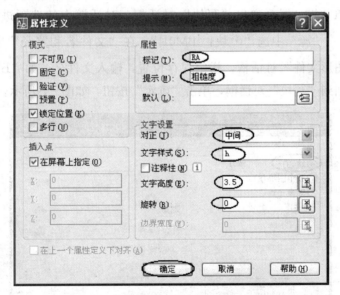

图 5-45　设置"属性定义"对话框

图 5-46　确定标记
位置

步骤三：创建块。选择下拉菜单中"绘图→块→创建（M）…"或点击工具栏图标 ，屏幕弹出"块定义"对话框，如图 5-47 所示，对对话框中的选项进行如下设置：名称 BM01，单击"拾取点"按钮 ，屏幕回到绘图区，在表面粗糙度符号下方确定基点位置，如图 5-48 所示；屏幕回到"块定义"对话框，单击"选择对象"按钮 ，屏幕回到绘图区，用"交叉窗口选择方式"选择整个表面粗糙度符号，然后按"回车"键，屏幕回到"块

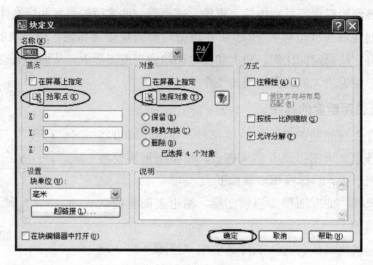

图 5-47　设置"块定义"对话框

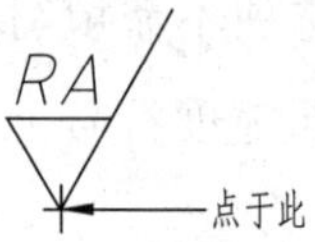

图 5-48　确定基点
位置

定义"对话框，单击"确定"按钮，打开"编辑属性"对话框，单击"确定"按钮。

步骤四：块存盘。在命令行输入"wblock"或"W"，按"回车"键，屏幕弹出"写块"对话框，对话框中的选项进行如下设置：在"源"中选"⊙块：BM01"；在"文件名和路径"中单击"…"按钮，弹出"浏览图形文件"对话框，指定保存位置，输入文件名，如"BM01"，单击"保存"按钮，屏幕回到"写块"对话框，单击"确定"按钮，如图5-49所示。

图 5-49　"写块"对话框

步骤五：插入块。点击工具栏图标 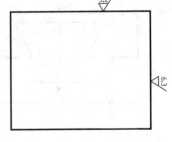，屏幕弹出"插入"对话框，对话框中的选项进行如下设置：名称 BM01，在"旋转"中选"☑存在屏幕上指定"；单击"确定"按钮，如图 5-50 所示，屏幕回到绘图区，按命令行提示操作。

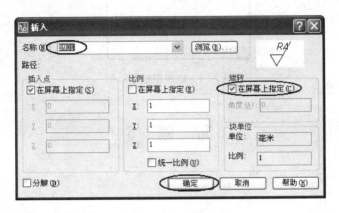

图 5-50　"插入"对话框

命令：_insert

指定插入点或 [基点（B）/比例（S）/X/Y/Z/旋转（R）]：（注：指定插入点或输入选项）

指定旋转角度<0>：（注：输入旋转角度或用鼠标确定旋转角度）

输入属性值

粗糙度：（注：按图示要求输入粗糙度值）

例：如图 5-51 所示，插入粗糙度值为 3.2 和粗糙度值为 6.3 的表面粗糙度符号。

注：修改粗糙度的方法。在图 5-51 中，粗糙度值为 6.3 的文字方向需要修改，操作方法如下：双击要修改的粗糙度值 6.3，屏幕弹出"增强属性编辑器"对话框，单击"文字选项"按钮，在"旋转"项中输入"90"，单击"确定"按钮，如图 5-52 所示，粗糙度值为 6.3 的文字方向旋转为 90°，如图 5-53 所示。

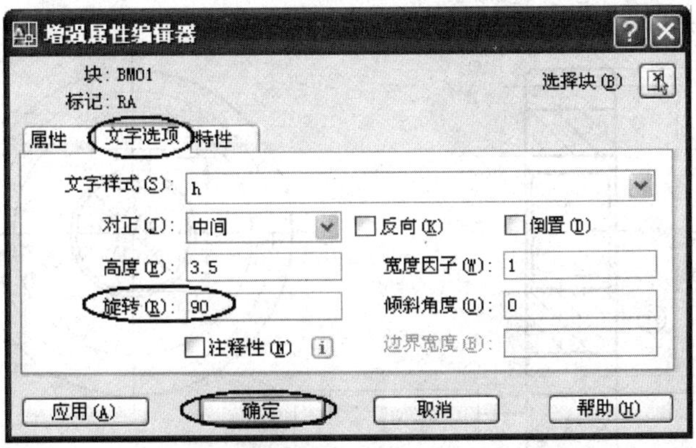

图 5-51　插入粗糙度例

图 5-52　"增强属性编辑器"对话框

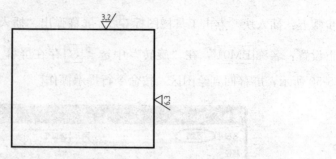

图 5-53　修改粗糙度示例

习　题　5

5-1　抄画图 5-54，并标注尺寸。

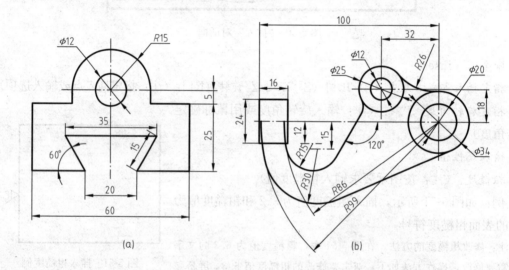

图 5-54　题 5-1 图

5-2　抄画图 5-55，把表面粗糙度代号定义成带有属性的图形块，并标注尺寸及形位公差、尺寸公差、表面粗糙度。

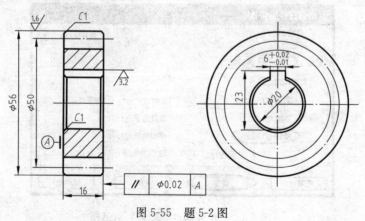

图 5-55　题 5-2 图

5-3 设置 A3 图幅，画图框和标题栏，抄画图 5-56 所示的视图，把表面粗糙度代号定义成带有属性的图形块，并标注尺寸及形位公差、表面粗糙度符号，未注圆角为 R2。

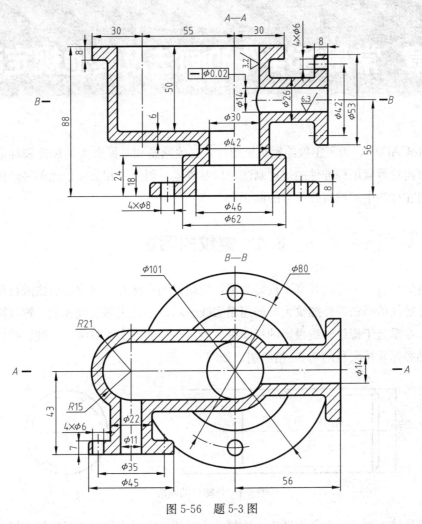

图 5-56 题 5-3 图

第6章 常用标准件的画法及其他规定画法

在 AutoCAD 中，为了正确绘制机械图样，必须熟悉和掌握有关的标准和规定。本章将介绍螺纹、齿轮等常用标准件的规定画法，以及锥度、斜度、相贯线、比例等绘图的方法步骤，并介绍在标注中一些特殊符号的画法。

6.1 螺纹的画法

在绘制螺纹时，不必按其真实投影画图，应根据国家标准所规定的画法进行绘图。

（1）外螺纹的画法　外螺纹大径的用粗实线表示，小径用细实线表示，螺纹终止线用粗实线表示；在垂直于螺纹轴线投影的视图中，表示小径的细实线只画 3/4 圆，螺杆的倒角省略不画；小径通常按大径的 0.85 倍绘制。如图 6-1 所示。

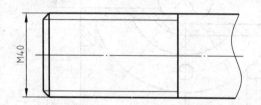

图 6-1　外螺纹的画法

（2）内螺纹的画法　在剖视图中，内螺纹大径用细实线表示，小径用粗实线表示，螺纹终止线用粗实线表示，剖面线应画到粗实线处；在垂直于螺纹轴线投影的视图中，表示大径的细实线只画 3/4 圆，孔口的倒角省略不画；小径通常按大径的 0.85 倍绘制；绘制不穿通的螺纹孔时，一般应将钻孔深度与螺纹部分的深度分别画出，底部的锥顶角应画成 120°，如图 6-2 所示。

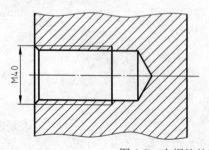

图 6-2　内螺纹的画法

108

6.2　齿轮的画法

　　根据国家标准规定，齿顶圆和齿顶线用粗实线绘制，分度圆和分度线用点画线绘制，齿根圆和齿根线用细实线绘制（也可省略不画）；在剖视图中，当剖切平面通过齿轮的轴线时，齿轮一律按不剖处理，齿根线画成粗实线；分度圆直径 $d=mz$，齿顶圆直径 $d_a=m(z+2)$，齿根圆直径 $d_f=m(z-2.5)$，m 表示模数，z 表示齿数。如图 6-3 所示。

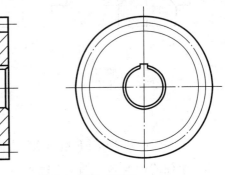

图 6-3　齿轮的画法

　　另外，在齿轮传动中，绘制相啮合的齿轮时，两分度圆是相切的。

6.3　斜度和锥度的画法

　　斜度是指一直线对另一直线或一平面对另一平面的倾斜程度，在图样中以 $1:n$ 的形式标注。如图 6-4 所示为斜度 1：4 的做法：由点 A 起在水平线段上取 4 个单位长度，得点 B，过点 B 作 AB 的垂线 BC，取 BC 为 1 单位长度，连 AC，即得斜度为 1：4 的直线。

　　锥度是指圆锥底圆直径与圆锥高度之比，在图样中一般以 $1:n$ 的形式标注。如图 6-5 所示为锥度 1：4 的做法：由点 D 起在水平线段上取 4 个单位长度，得点 O，过点 O 作 DO 的垂线，分别向上和向下截取半个单位长度，得 E 点和 F 点，分别过 E、F 与点 D 相连，即得 1：4 的锥度。

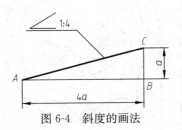

图 6-4　斜度的画法

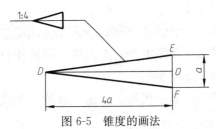

图 6-5　锥度的画法

6.4　相贯线的画法

　　相贯线是指两立体相交表面产生的交线。在 AutoCAD 中，两圆柱正交，用大圆柱的半径作为圆弧来代替相贯线。

　　示例：作图 6-6（a）所示的相贯线。

　　操作步骤如下。

　　步骤一：用直线命令作出图 6-6（b）。

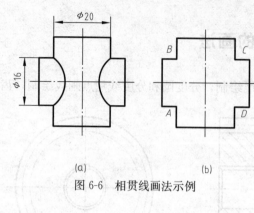

(a) (b)

图6-6 相贯线画法示例

步骤二：画圆弧AB。选择下拉菜单中"绘图→圆弧→起点、端点、半径（R）"，按命令行提示操作。

命令：_ arc 指定圆弧的起点或［圆心（C）］：（注：启用"对象捕捉"，捕捉圆弧的起点"A"点）

指定圆弧的第二个点或［圆心（C）/端点（E）］：_ e

指定圆弧的端点：（注：捕捉圆弧的端点"B"点）

指定圆弧的圆心或［角度（A）/方向（D）/半径（R）］：_ r 指定圆弧的半径：（注：输入圆弧的半径"10"，按"回车"键）

步骤三：画圆弧CD。（方法与步骤2相同：圆弧的起点为"C"点，圆弧的端点为"D"点）

6.5 按比例画法及标注

比例是指图样中图形与其实物相应要素的线性尺寸之比。原值比例为1∶1，缩小比例有1∶2、1∶2.5、1∶5等，放大比例有2∶1、2.5∶1、5∶1等，对于选用的比例一般在标题栏中注明。无论是缩小或放大，在图样中标注的尺寸均为机件的实际大小，与比例无关。

在AutoCAD中，有缩小或放大要求时，其绘图步骤与手工绘图不同。

示例：按1∶2比例要求绘制如图6-7所示的图形，并标注尺寸。

步骤一：绘制A4图幅，画图框和标题栏。

步骤二：在图框外，按机件在图样中标注的尺寸绘图，如图6-8所示。

步骤三：缩小图形。点击"修改"工具栏图标 ▢ ，按命令提示操作。

命令：_ scale

选择对象：（注：用交叉窗口选择方式选择图形，不选图框和标题栏）

选择对象：（注：按"回车"键）

指定基点：（注：点击圆心）

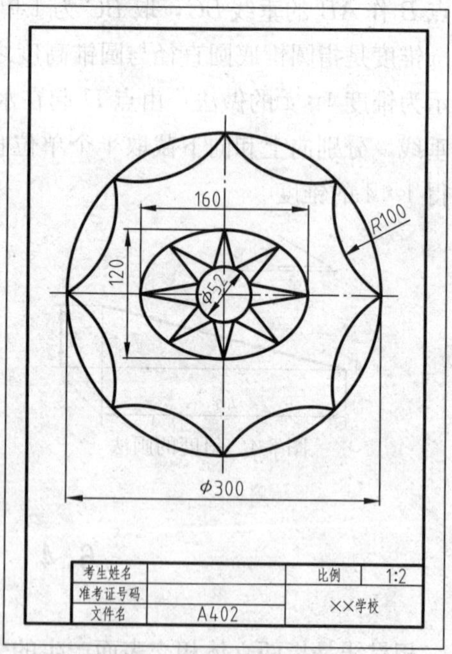

考生姓名		比例	1∶2
准考证号码			
文件名	A402	××学校	

图6-7 按比例画法示例

指定比例因子或［复制（C）/参照（R）］<1.0000>：（注：输入"0.5"，按"回车"键）

步骤四：用移动命令将缩小的图形移到图框内合适的位置，如图6-9所示。

步骤五：修改标注样式，在"主单位"项中测量比例因子改为"2"，如图6-10所示。

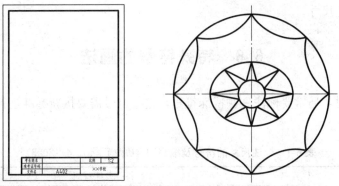

图 6-8　按机件在图样中标注的尺寸绘图

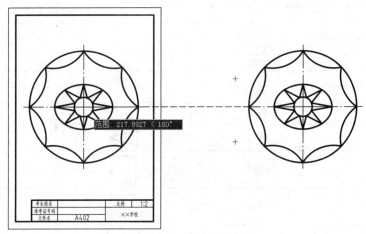

图 6-9　移动图形

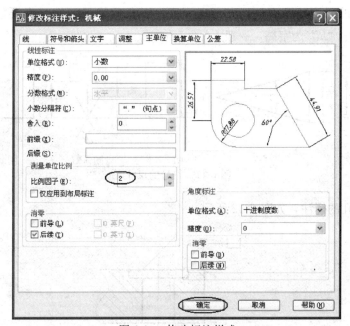

图 6-10　修改标注样式

步骤六：标注尺寸。

6.6　特殊符号的画法

在标注尺寸时，通常要标注一些特殊符号，这些符号需要按新标准进行标注，新旧标准对照如表 6-1 所示。

表 6-1　标注尺寸的符号及缩写词（GB/T 4458.4—2003）

序　号	符号及缩写词		
	含义	现行	曾用
1	直径	ϕ	（未变）
2	半径	R	（未变）
3	球直径	$S\phi$	球 ϕ
4	球半径	SR	球 R
5	厚度	t	厚,δ
6	均布	EQS	均布
7	45°倒角	C	L×45°
8	斜度	◁	（未变）
9	锥度	▷	（未变）
10	正方形	□	（未变）
11	深度	▽	深
12	沉孔或锪平	⊔	沉孔、锪平

上述表格中的斜度、锥度、正方形、深度、沉孔或锪平等符号需要绘制，其尺寸如图 6-11所示，图中"h"为字高，一般 $h=3.5$mm。

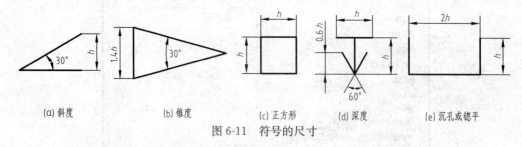

(a) 斜度　　　　(b) 锥度　　　　(c) 正方形　　　(d) 深度　　　(e) 沉孔或锪平

图 6-11　符号的尺寸

例：柱形沉孔的标注，如图 6-12 所示。

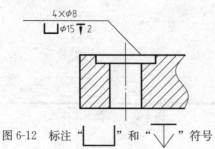

图 6-12　标注 "⊔" 和 "▽" 符号

习　题　6

6-1　绘制螺栓和螺母，如图 6-13 所示，并标注尺寸。

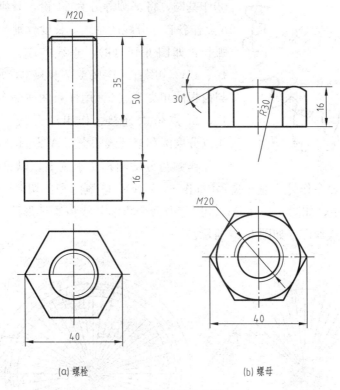

(a) 螺栓　　　　　　　　(b) 螺母

图 6-13　题 6-1 图

6-2　按 1∶2 比例要求绘制如图 6-14 所示图形，并标注尺寸。

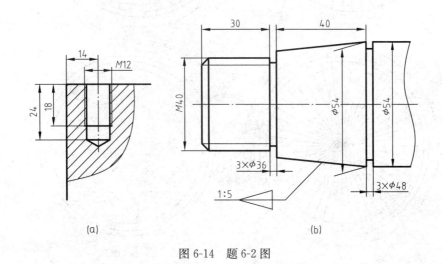

(a)　　　　　　　　　　(b)

图 6-14　题 6-2 图

6-3　绘制图 6-15 所示的渐开线标准直齿圆柱齿轮的齿廓，已知齿轮齿数为 18，模数为10mm。

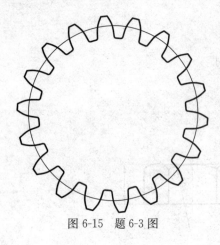

图 6-15　题 6-3 图

（作图步骤提示：①计算，分度圆直径 $d =$ 180mm，齿顶圆直径 $d_a = 200$mm，齿根圆直径 $d_f = 155$mm，基圆直径 $d_b = 169.2$mm，齿厚 $p = 15.7$mm；②作基圆，将基圆等分为 24 份，分别过 1、2、3、4、5 点作各自等分线的垂线，长度分别为各自距离 0 点的弧长，如图 6-16（a），垂线的端点分别为 7、8、9、10、11；③用直线连接点 7 和点 0，并延伸至齿根圆，与齿根圆相交于点 6，用样条曲线命令将 6、7、8、9、10、11 点依次连接，作出渐开线，如图 6-16（b）；④以分度圆和渐开线的交点 A 为圆心，以齿厚 15.7 为半径作圆与分度圆相交于点 B，以 AB 的垂直平分线为镜像线，用镜像命令作另一渐开线 2，如图 6-16（c）；⑤删除和剪切多余线段，在齿根处倒半径为 R2 的圆角，如图 6-16（d）；⑥用阵列命令将渐开线齿廓环形阵列 18 个，删除和剪切多余线段，完成作图，如图 6-15 所示。）

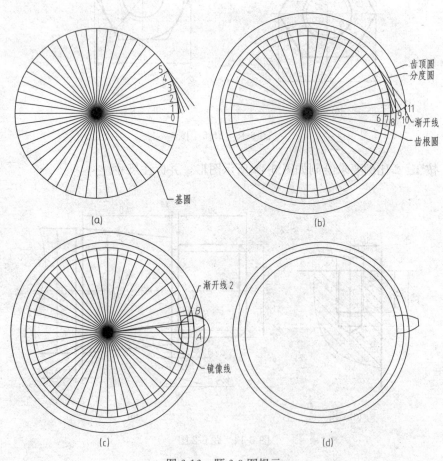

图 6-16　题 6-3 图提示

第7章　打印输出图形

在完成绘图后，如要打印输出图形，可以在模型空间打印输出图形，也可以在布局空间打印输出图形。AutoCAD 2008 提供了图形输入与输出接口，不仅可以将其他应用程序中处理好的数据传送给 AutoCAD，以显示其图形，还可以将在 AutoCAD 中绘制好的图形打印出来，或者把它们的信息传送给其他应用程序。

7.1　在模型空间输出打印

（1）功能　在模型空间进行打印设置后，可通过打印机或绘图仪直接打印输出图形。

（2）启动方法

方法一：点击"标准"工具栏图标 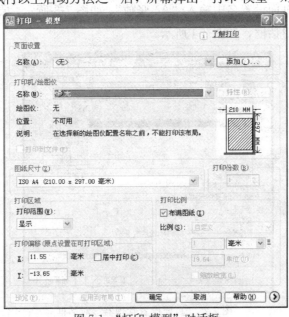 。

方法二：选择下拉菜单中"文件→打印（P)..."。

方法三：在命令行输入"plot"，并按"回车"键。

方法四：按"Ctrl＋P"组合键。

（3）操作方法　执行以上启动方法之一后，屏幕弹出"打印-模型"对话框，如图 7-1 所示。

图 7-1　"打印-模型"对话框

常用选择项含义如下。

"页面设置"：显示当前页面设置的名称，"名称"右方的下拉列表中列出图形中已命名和已保存的页面设置。

"打印机/绘图仪"：指定打印时使用已配置的打印设备。可以在对话框中单击"特性"，显示绘图仪配置编辑器，从中可以查看或修改当前绘图仪的配置、端口、设备和介质设置。

"图纸尺寸"：显示所选打印设备可用的标准图纸尺寸。

"打印份数"：指定要打印的份数。

"打印区域"：指定要打印的图形部分。在"打印范围"下，可以选择要打印的图形区域，包括"窗口"、"范围"、"图形界限"、"布局"、"显示"等选项。"窗口"的图形打印区域是使用定点设备任意指定两个角点的区域；"范围"的图形打印区域是当前空间内的所有几何图形；"图形界限"的图形打印区域是图形界限定义的整个区域；"布局"的图形打印区域是当前布局中的图形；"显示"图形打印区域是模型空间中当前窗口所显示的图形或布局中的当前图纸的空间视图。

"打印偏移"：指定打印区域相对于可打印区域左下角或图纸边界的偏移。

"打印比例"：控制图形单位与打印单位之间的相对尺寸。从"模型"选项卡打印时，默认设置为"布满图纸"；打印布局时，默认缩放比例设置为 1：1。

预览：在图纸上以打印的方式显示图形。

（4）示例 用"Canon iP1180"打印机打印题 2-2 图（A4 竖放）的图幅，在模型空间打印输出图形。

操作步骤如下。

步骤一：新建页面设置名称。选择下拉菜单中"文件→页面设置管理器（G)..."，屏幕弹出"页面设置管理器"对话框，如图 7-2 所示，点击"新建"按钮，屏幕弹出"新建页面设置"对话框，在新页面设置名中输入"A4 竖放"，如图 7-3 所示，点击"确定"按钮，屏幕弹出"页面设置"对话框，如图 7-4 所示。

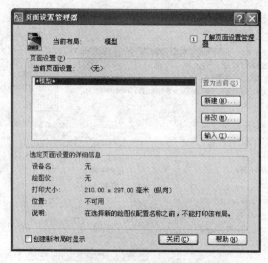

图 7-2 "页面设置管理器"对话框

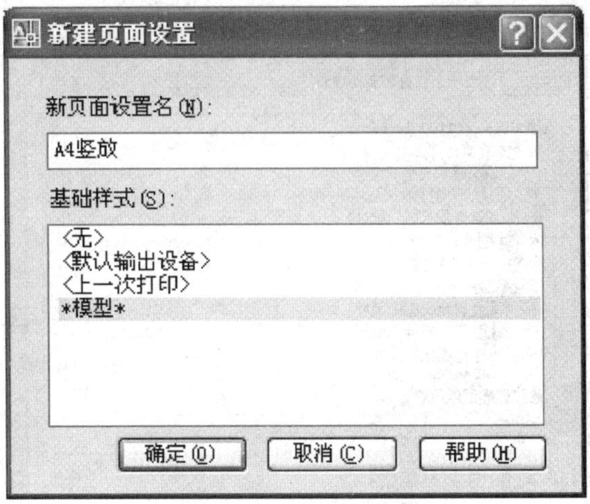

图 7-3　"新建页面设置"对话框

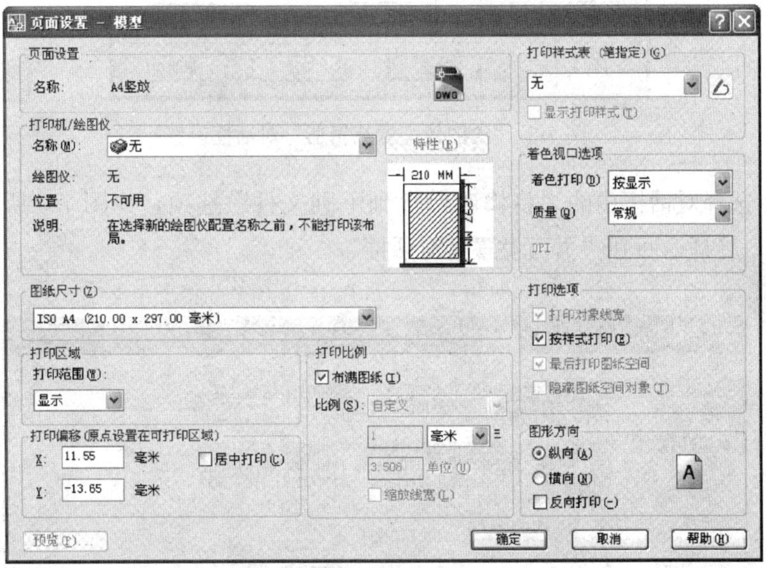

图 7-4　"页面设置"对话框

步骤二：在"页面设置"对话框中选择打印机/绘图仪。用户可在"名称"下拉列表框中选择需要的打印设备，选择"Canon iP1180 series"。

步骤三：修改当前打印设备的配置和属性。单击"名称"下拉列表框右侧的"特性"按钮，屏幕弹出"绘图仪配置编辑器"对话框，单击"设备和文档设置"选项卡，单击"修改标准图纸尺寸（可打印区域）"选项，选择"A4"，如图 7-5 所示。

步骤四：修改可打印区域：单击"绘图仪配置编辑器"对话框中的"修改"按钮，屏幕弹出"自定义图纸尺寸-可打印区域"对话框，"上"、"下"、"左"、"右"边界值均修改为"0"，如图 7-6 所示，点击"下一步"按钮，屏幕弹出"自定义图纸尺寸—文件名"对话框，再点击"下一步"按钮，屏幕弹出"自定义图纸尺寸—完成"对话框，点击"完成"按钮，屏幕返回"绘图仪配置编辑器"对话框，点击"确定"按钮，屏幕弹出"修改打印机配置文

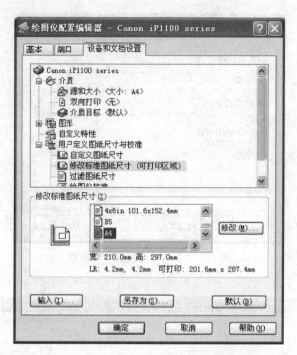

图 7-5 "绘图仪配置编辑器"对话框设置

件"对话框,选择对话框中的"将修改保存到下列文件"选项,如图 7-7 所示,然后点击"确定"按钮,屏幕返回到"页面设置"对话框。

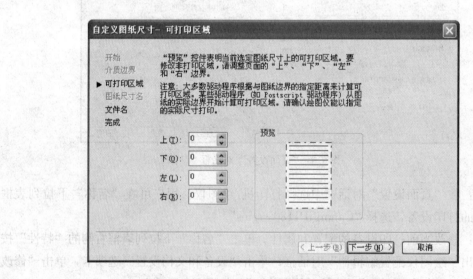

图 7-6 "自定义图纸尺寸-可打印区域"对话框设置

步骤五:打印设置。在"页面设置"对话框中,图纸尺寸选"A4",打印范围可选择"范围"(注:如选择"窗口"时,需用选择对象方式选择打印范围),打印偏移选择"居中打印",打印比例选择"布满图纸",图形方向选择"纵向",打印设置完成后,点击"预览"按钮,屏幕显示打印"预览"窗口,如图 7-8 所示,关闭"预览"窗口,返回到"页面设

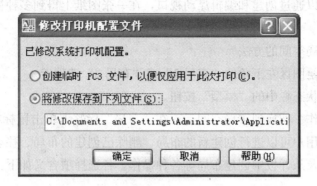

图 7-7　"修改打印机配置文件"对话框

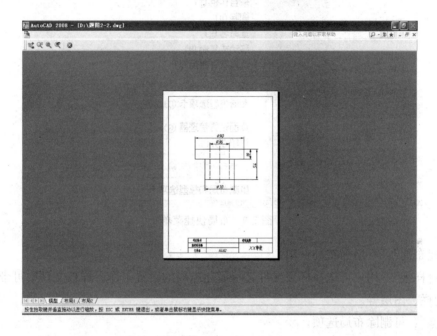

图 7-8　打印预览效果

置"对话框，预览效果满意，完成页面设置。

步骤六：打印输出图形。点击工具栏图标 ，屏幕弹出"打印-模型"对话框，如图 7-1 所示，在"名称"右方的下拉列表中选择"A4 竖放"的页面设置，点击"确定"按钮，系统将打印文件自动保存到指定位置后，即进入打印图纸状态。

说明：步骤三和步骤四是对可打印区域（即打印边界）进行设置。在实际打印中，一般对打印边界要求不高，因此，步骤三和步骤四通常可以省略。

7.2　在布局空间中输出打印

布局是 AutoCAD 在图纸空间基础上创建的图形输出管理工具，是视图、标注、页面设置等在图纸空间里调整、安排的过程和结果。

（1）功能 可以通过创建和编辑浮动视口，在一张图纸上得到多种视图；可以方便地进行打印设置。

（2）切换到布局空间的方法

方法一：单击绘图区左下角的"布局1"或"布局2"选项卡。

方法二：单击状态栏中的"模型"按钮。

（3）布局的操作 切换到布局空间后，在"布局"标签上单击鼠标右键，弹出如图7-9所示的快捷菜单，用户可以进行创建新的布局、删除已创建的布局、移动或复制布局、保存和重命名布局，以及从样板中创建布局等各种操作。各选择项含义如下。

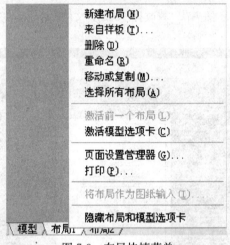

图 7-9 布局快捷菜单

"新建布局"：可增加布局选项。

"来自样板"：用户可选择样板文件，可简化布局的设置工作。样板文件中可带有打印样式、标题栏、图层等。

"删除"：可删除布局选项。

"重命名"：可重命名布局名称。

"移动或复制"：可调整已有布局选项卡的位置或复制布局选项卡。

"激活前一个布局"：切换至前一个布局。

"页面设置管理器"：为当前布局或图纸指定页面设置，也可以创建命名页面设置、修改现有页面设置，或从其他图纸中输入页面设置。

"打印"：指定设备和介质设置，然后打印图形。

"隐藏布局和模型选项卡"：选择此项，布局和模型选项卡将为隐藏图标出现在屏幕下方的状态栏处。

习 题 7

7-1 设置 A4 横放图幅，画图框和标题栏，抄画图 7-10 所示图形（不标注尺寸），并在模型空间打印输出图形。

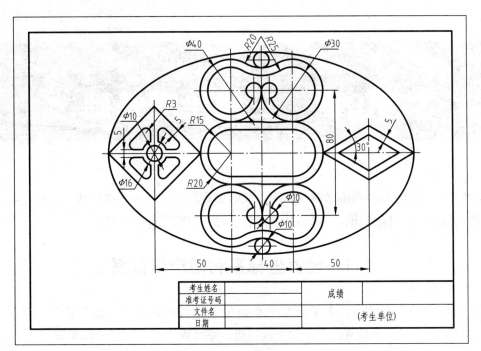

图 7-10　题 7-1 图

第8章 三维绘图基础

三维绘图能够绘制物体的轴测投影图，能够更直观地表达物体的形状。本章介绍 Auto-CAD 的三维绘图的基础知识，为 CAD 爱好者学习三维绘图打下基础。

8.1 世界坐标系和用户坐标系

在绘制三维图形过程中，为了对某个点或位置进行准确定位，必须选择一个坐标系。AutoCAD 提供了两个坐标系：一个称为世界坐标系（WCS）的固定坐标系和一个称为用户坐标系（UCS）的可移动坐标系。

8.1.1 世界坐标系（WCS）

AutoCAD 系统默认世界坐标系（WCS），当机件结构平行于投影面时，我们可通过"WCS"进行操作。世界坐标系（WCS）包括 X 轴和 Y 轴，在三维空间还有 Z 轴。X 轴是水平的，Y 轴是垂直的，Z 轴垂直于 XY 组成的平面。二维与三维的世界坐标系统，如图 8-1所示。

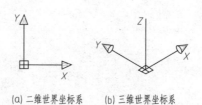

(a) 二维世界坐标系   (b) 三维世界坐标系

图 8-1　世界坐标系

8.1.2 用户坐标系（UCS）

在 AutoCAD 中，当机件结构倾斜于投影面时，为了绘制倾斜的结构图形，我们可通过用户坐标系（UCS）进行操作。利用 UCS 命令可以方便地移动坐标系的原点，改变坐标轴的方向，建立用户坐标系，即原点的位置，以及 X 轴、Y 轴、Z 轴的方向可由用户自定义，但 X、Y、Z 三轴的位置关系必须满足两两垂直。

（1）功能　选择合适的构图平面，通过用户坐标系命令的运用可大大简化图形的处理。

（2）启动方法

方法一：在工具栏单击鼠标右键，调出"UCS"工具栏，如图 8-2 所示，点击工具栏图标。

方法二：选择下拉菜单中"工具→新建 UCS"，选择菜单选项。

图 8-2 UCS 工具条

8.2 三维视图的观察

由于显示的限制，我们只能从一个角度观察实体的轮廓，为了方便观察三维实体的每个细节特征，AutoCAD 提供了强大的三维视图的观察功能，可以从任何角度观察实体的形状特征，这里对其中最常用的功能作一介绍。

8.2.1 "视图"工具条

（1）功能　可以观察三维对象的基本视图和轴测图。

（2）启动方法

方法一：在工具栏单击鼠标右键，调出"视图"工具栏，如图 8-3 所示，点击工具栏图标。

方法二：选择下拉菜单"视图→三维视图（D）"，选择菜单选项。

图 8-3 "视图"工具栏

8.2.2 动态观察

（1）功能　在三维视图中围绕目标进行动态观察。

（2）启动方法

方法一：在工具栏单击鼠标右键，调出工具栏"动态观察"，如图 8-4 所示，点击工具栏图标。

方法二：在下拉菜单中点击"视图→动态观察"，选择菜单选项。

图 8-4 "动态观察"工具栏

8.2.3 视觉样式

（1）功能 通过改变视觉样式，可以得到不同的实体效果，如图 8-5 所示。

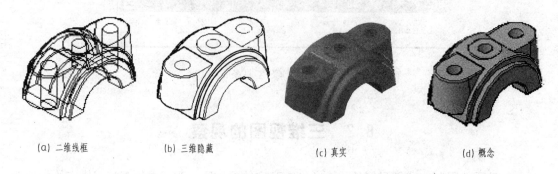

　　(a) 二维线框　　　　　　(b) 三维隐藏　　　　　　　(c) 真实　　　　　　　(d) 概念

图 8-5 部分视觉样式效果图

（2）启动方法

方法一：在工具栏单击鼠标右键，使用调出工具栏"视觉样式"，如图 8-6 所示，点击工具栏图标。

方法二：在下拉菜单中点击"视图→视觉样式"，选择菜单选项。

图 8-6 "视觉样式"工具栏

8.3 创建基本三维实体

　　AutoCAD 提供了最基本的实体造型，基本三维实体包括：多段体、长方体、楔体、圆锥体、球体、圆柱体、圆环体、棱锥面、螺旋线、平面曲面等。在工具栏单击鼠标右键，调出"建模"工具条，如图 8-7 所示。

图 8-7 "建模"工具栏

8.3.1 长方体

（1）启动方法

方法一：点击"建模"工具栏图标  。

方法二：在下拉菜单中选择"绘图→建模→长方体"。

方法三：在命令行输入"box"，并按"回车"键。

（2）示例　画一个长 100 宽 80 高 60 的箱子，如图 8-8 所示。

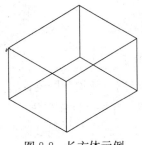

图 8-8　长方体示例

操作步骤如下。

步骤一：启动"长方体"命令，按命令行提示操作。

命令：_ box

指定第一个角点或［中心（C）］：（注：在绘图区点击鼠标左键指定任意点）

　指定其他角点或［立方体（C）/长度（L）］：（注：输入"@100，80"，按"回车"键）

　指定高度或［两点（2P）］：（注：输入"60"，按"回车"键）

步骤二：点击"视图"工具栏图标，切换到西南等轴测图，如图 8-8 所示。

说明：为了便于观察图形，一般将视图，切换到西南等轴测图，以便观察图形，后面相同。

8.3.2　楔体

（1）启动方法

方法一：点击"建模"工具栏图标。

方法二：在下拉菜单中选择"绘图→建模→楔体"。

方法三：在命令行输入"wedge"，并按"回车"键。

（2）示例　创建一个底面 100×100 高为 200 的楔体，如图 8-9 所示。

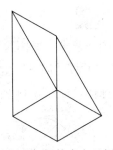

图 8-9　楔体命令示例

操作方法：启动"楔体"命令，按命令行提示操作。

命令：_ wedge

指定第一个角点或［中心（C）］：（注：在绘图区点击鼠标左键指定任意点）

指定其他角点或［立方体（C）/长度（L）］：（注：输入"@100，100"，按"回车"键）

指定高度或［两点（2P）］＜60.0000＞：（注：输入"200"，按"回车"键）

8.3.3 圆锥体

（1）启动方法

方法一：点击"建模"工具栏图标。

方法二：在下拉菜单中选择"绘图→建模→圆锥体"。

方法三：在命令行输入"cone"，并按"回车"键。

（2）示例　创建一个底面半径 100 高 300 的圆锥体，如图 8-10 所示。

图 8-10　圆锥体命令示例

操作方法：启动"圆锥体"命令，按命令行提示操作。

命令：_ cone

指定底面的中心点或［三点（3P）/两点（2P）/相切、相切、半径（T）/椭圆（E）］：（注：在绘图区点击鼠标左键指定任意点）

指定底面半径或［直径（D）］：（注：输入"100"，按"回车"键）

指定高度或［两点（2P）/轴端点（A）/顶面半径（T）］＜200.0000＞：（注：输入"300"，按"回车"键）

8.3.4 球体

（1）启动方法

方法一：点击"建模"工具栏图标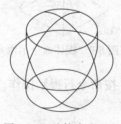。

方法二：在下拉菜单中选择"绘图→建模→球体"。

方法三：在命令行输入"sphere"，并按"回车"键。

（2）示例　创建一个半径 100 的球体，如图 8-11 所示。

图 8-11　球体命令示例

操作方法：启动"球体"命令，按命令行提示操作。

命令：_sphere

指定中心点或［三点（3P）/两点（2P）/相切、相切、半径（T）］：（注：在绘图区点击鼠标左键指定任意点）

指定半径或［直径（D）］<100.0000>：（注：输入"100"，按"回车"键）

8.3.5　圆柱体

（1）启动方法

方法一：点击"建模"工具栏图标。

方法二：在下拉菜单中选择"绘图→建模→圆柱体"。

方法三：在命令行输入"cylinder"，并按"回车"键。

（2）示例　创建一个半径 100 高 200 的圆柱体，如图 8-12 所示。

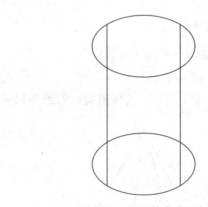

图 8-12　圆柱体命令示例

操作方法：启动"圆柱体"命令，按命令行提示操作。

命令：_cylinder

指定底面的中心点或［三点（3P）/两点（2P）/相切、相切、半径（T）/椭圆（E）］：（注：在绘图区点击鼠标左键指定任意点）

指定底面半径或［直径（D）］<100.0000>：（注：输入"100"，按"回车"键）

指定高度或［两点（2P）/轴端点（A）］<300.0000>：（注：输入"200"，按"回车"键）

8.3.6　圆环体

（1）启动方法

方法一：点击"建模"工具栏图标。

方法二：在下拉菜单中选择"绘图→建模→圆环体"。

方法三：在命令行输入"torus"，并按"回车"键。

（2）示例　创建一个外半径为 100，圆管半径为 20 的圆环，如图 8-13 所示。

操作方法：启动"圆环体"命令，按命令行提示操作。

命令：_torus

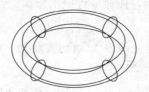

图 8-13　圆环体命令示例

指定中心点或 [三点（3P）/两点（2P）/相切、相切、半径（T）]：（注：在绘图区点击鼠标左键指定任意点）

指定半径或 [直径（D）] <100.0000>：（注：输入"100"，按"回车"键）

指定圆管半径或 [两点（2P）/直径（D）]：（注：输入"20"，按"回车"键）

8.3.7　棱锥面

（1）启动方法

方法一：点击"建模"工具栏图标 。

方法二：在下拉菜单中选择"绘图→建模→棱锥面"。

方法三：在命令行输入"pyramid"，并按"回车"键。

（2）示例　创建一个底面 100×100 高 300 的棱锥面，如图 8-14 所示。

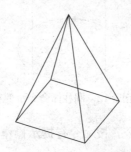

图 8-14　棱锥面命令示例

操作方法：启动"棱锥面"命令，按命令行提示操作。

命令：_pyramid

4 个侧面　外切

指定底面的中心点或 [边（E）/侧面（S）]：（注：在绘图区点击鼠标左键指定任意点）

指定底面半径或 [内接（I）]：（注：输入"100"，按"回车"键）

指定高度或 [两点（2P）/轴端点（A）/顶面半径（T）]：（注：输入"300"，按"回车"键）

8.3.8　螺旋

（1）启动方法

方法一：点击"建模"工具栏图标 。

方法二：在下拉菜单中选择"绘图→螺旋"。

方法三：在命令行输入"helix"，并按"回车"键。

（2）示例　创建一条底面半径为 100 高 200 圈数为 5 的螺旋线，如图 8-15 所示。

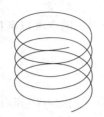

图 8-15　螺旋命令示例

操作方法：启动"螺旋"命令，按命令行提示操作。

命令：_helix

圈数＝3.0000，扭曲＝CCW

指定底面的中心点：（注：在绘图区点击鼠标左键指定任意点）

指定底面半径或［直径（D）］＜1.0000＞：（注：输入"100"，按"回车"键）

指定顶面半径或［直径（D）］＜100.0000＞：（注：输入"100"，按"回车"键）

指定螺旋高度或［轴端点（A）/圈数（T）/圈高（H）/扭曲（W）］＜100.0000＞：（注：输入"t"，按"回车"键）

输入圈数＜3.0000＞：（注：输入"5"，按"回车"键）

指定螺旋高度或［轴端点（A）/圈数（T）/圈高（H）/扭曲（W）］＜1.0000＞：（注：输入"200"，按"回车"键）

8.3.9　平面曲面

（1）启动方法

方法一：点击"建模"工具栏图标。

方法二：在下拉菜单中选择"绘图→建模→平面曲面"。

方法三：在命令行输入"planesurf"，并按"回车"键。

（2）示例　创建一个 100×80 的平面曲面，如图 8-16 所示。

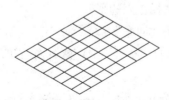

图 8-16　平面曲面示例

操作方法：启动"平面曲面"命令，按命令行提示操作。

命令：_planesurf

指定第一个角点或［对象（O）］＜对象＞：（注：在绘图区点击鼠标左键指定任意点）

指定其他角点：（注：输入"@100，80"，按"回车"键）

8.4 拉伸实体和旋转实体

AutoCAD 提供了最基本的实体造型，用户可以利用拉伸、旋转等功能生成各种各样的新实体。

8.4.1 拉伸实体

（1）功能　将二维封闭图形通过沿指定的方向和高度进行拉伸，创建三维实体。

（2）启动方法

方法一：点击"建模"工具栏图标 ![icon] 。

方法二：在下拉菜单中选择"绘图→建模→拉伸"。

方法三：在命令行输入"extrude"，并按"回车"键。

（3）示例　利用"拉伸"命令创建一个六棱柱，高度为 200mm，如图 8-17 所示。

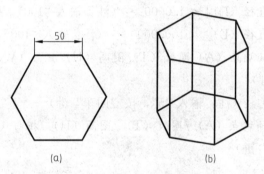

图 8-17　拉伸命令示例

操作步骤如下。

步骤一：用"正多边形"命令作正六边形，如图 8-17（a）所示。

步骤二：启动"拉伸"命令，按命令行提示操作。

命令：_ extrude

当前线框密度：ISOLINES＝4

选择要拉伸的对象：（注：选择正六边形）

选择要拉伸的对象：（注：按"回车"键）

指定拉伸的高度或［方向（D）/路径（P）/倾斜角（T）］＜300.0000＞：（注：输入"200"，按"回车"键）

步骤三：点击"视图"工具栏图标 ![icon] ，切换到西南轴测图，如图 8-17（b）所示。

8.4.2 旋转实体

（1）功能　旋转三维实体就是指通过绕轴旋转二维对象来创建三维实体。

（2）启动方法

方法一：点击"建模"工具栏图标 ![icon] 。

方法二：在下拉菜单中选择"绘图→建模→旋转"。

方法三：在命令行输入"revolve"，并按"回车"键。

（3）示例 利用"旋转"命令创建一个 V 带轮的轮廓，如图 8-18 所示。

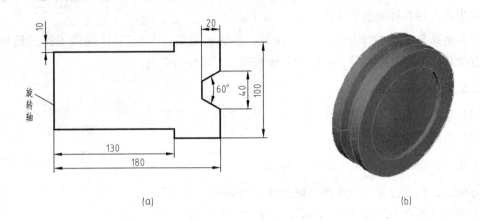

（a） （b）

图 8-18 旋转实体命令示例

操作步骤如下。

步骤一：点击"视图"工具栏图标 ⬛，在俯视图下按照图 8-18（a）所示尺寸用 01 图层画带轮平面图。

步骤二：生成面域。点击"绘图"工具栏图标 ⬛，按命令行提示操作。

命令：_ region

选择对象：（注：用交叉窗口方式选择带轮平面轮廓）

选择对象：（注：按"回车"键）

已提取 1 个环。

已创建 1 个面域。

步骤三：旋转实体。启动"旋转"命令，按命令行提示操作。

命令：_ revolve

当前线框密度：ISOLINES＝4

选择要旋转的对象：（注：选择带轮面域）

选择要旋转的对象：（注：按"回车"键）

指定轴起点或根据以下选项之一定义轴［对象（O）/X/Y/Z］＜对象＞：（注：点击如图 8-18（a）所示旋转轴上的任意一点）

指定轴端点：（注：点击旋转轴上的另一点）

指定旋转角度或［起点角度（ST）］＜360＞：（注：按"回车"键）

步骤四：点击"视图"工具栏图标 ◈，切换到西南轴测图，点击"视觉样式"工具栏图标 ◓，显示真实视觉样式，如图 8-18（b）所示。

8.5　布尔运算创建组合实体

三维实体是用形体的方式来描述物体，它具有体的特征，用户可以对实体进行布尔运算操作，生成各种各样的组合实体。

布尔运算是一种数学运算，包括并集、差集和交集，AutoCAD 提供了这三种运算方法，方便我们进行三维设计，是创建三维实体的不可少的工具。

8.5.1　并集

（1）功能　主要用于把两个以上的实体合并成一个实体。

（2）启动方法

方法一：点击"建模"工具栏图标 ⓪ 。

方法二：在下拉菜单中选择"修改→ 实体编辑→并集"。

方法三：在命令行输入"union"，并按"回车"键。

（3）示例　用"并集"命令将图 8-19（a）中的圆柱体和长方体合并成一个实体。

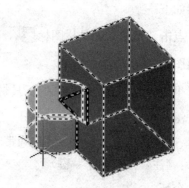

(a) 并集前,互相独立　　　　　　　　(b) 并集后为一个整体

图 8-19　并集命令示例

操作方法：启动"并集"命令，按命令行提示操作。

命令：_ union

选择对象：（注：选择圆柱体）

选择对象：（注：选择长方体）

选择对象：（按"回车"键）

完成后如图 8-19（b）所示。

8.5.2　差集

（1）功能　主要用于将一个实体减去另一个或多个实体，形成一个新的实体。

（2）启动方法

方法一：点击"建模"工具栏图标 ⓪ 。

方法二：在下拉菜单中选择"修改→ 实体编辑→差集"。

方法三：在命令行输入"subtract"，并按"回车"键。

（3）示例　用"差集"命令将图 8-20（a）中长方体减去圆柱体，形成一个新的实体。

操作方法：启动"差集"命令，按命令行提示操作。

命令：＿subtract 选择要从中减去的实体或面域…

选择对象：（注：选择长方体）

选择对象：（按"回车"键）

选择要减去的实体或面域…

选择对象：（注：选择圆柱体）

选择对象：（按"回车"键）

完成后如图 8-20（b）所示。

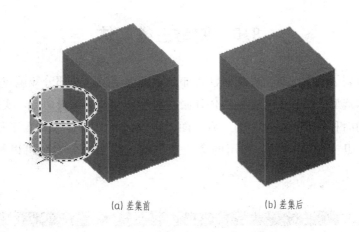

(a) 差集前　　　　(b) 差集后

图 8-20　差集命令示例

8.5.3　交集

（1）功能　主要用于提取两个以上实体的公共部分，去掉不相交的部分。

（2）启动方法

方法一：点击"建模"工具栏图标 ◍ 。

方法二：在下拉菜单中选择"修改→ 实体编辑→交集"。

方法三：在命令行输入"intersect"，并按"回车"键。

（3）示例　用"交集"命令提取图 8-21（a）中的圆柱体和长方体的公共部分。

操作方法：启动"交集"命令，按命令行提示操作。

命令：＿intersect

选择对象：（注：选择圆柱体）

选择对象：（注：选择长方体）

选择对象：（注：按"回车"键）

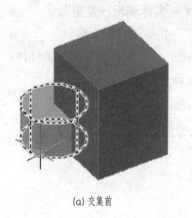

(a) 交集前　　　　　　(b) 交集后

图 8-21　交集命令

完成后如图 8-21（b）所示。

8.6　编辑三维实体

前面已经讲到了基本三维实体的画法和布尔运算，结合这两部分知识我们可以完成一些比较简单的实体造型，但较为复杂的实体还必须应用到其他的编辑命令，实体编辑就是编辑三维实体对象的面和边，包括拉伸面、偏移面、倾斜面等。"实体编辑"工具栏如图 8-22 所示。这里选取了几个比较典型、常用的命令来讲解，其他命令完全可以按照类似的方法操作。

图 8-22　"实体编辑"工具栏

8.6.1　拉伸面

（1）功能　就是指将选定的三维实体对象的面拉伸到指定的高度或沿某一路径拉伸，注意与"拉伸"命令的区别。

（2）启动方法

方法一：点击"实体编辑"工具栏图标  。

方法二：在下拉菜单中选择"修改→实体编辑→拉伸面"。

（3）示例　用"拉伸面"命令将高 100mm 的圆柱体拉伸为高 150mm 的圆柱体，如图 8-23所示。

操作方法：启动"拉伸面"命令，按命令行提示操作。

命令：_ extrude

选择面或［放弃（U）/删除（R）］：（注：选择圆柱上底面）

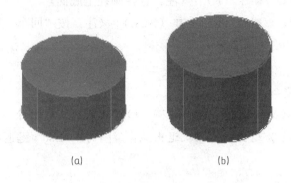

图 8-23　拉伸面命令示例

选择面或［放弃（U）/删除（R）/全部（ALL）］：（注：按"回车"键）

指定拉伸高度或［路径（P）］：（注：输入"50"，按"回车"键）

指定拉伸的倾斜角度＜0＞：（注：按"回车"键）

已开始实体校验。

已完成实体校验。

输入面编辑选项

［拉伸（E）/移动（M）/旋转（R）/偏移（O）/倾斜（T）/删除（D）/复制（C）/颜色（L）/材质（A）/放弃（U）/退出（X）］＜退出＞：（注：按"Esc"键退出）

圆柱体高度拉伸了 50mm。

8.6.2　删除面

（1）功能　通常用于修补实体内部被挖空的操作，但不能进行外部轮廓面删除。

（2）启动方法

方法一：点击"实体编辑"工具栏图标 。

方法二：在下拉菜单中选择"修改→实体编辑→删除面"。

（3）示例　用"删除面"命令修补长方体内的小孔，如图 8-24 所示。

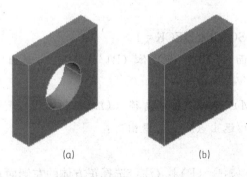

图 8-24　删除面命令示例

操作方法：启动"删除面"命令，按命令行提示操作。

命令：_delete

选择面或[放弃（U）/删除（R）]：（注：选择圆柱上底面）

选择面或[放弃（U）/删除（R）/全部（ALL）]：（注：按"回车"键）

已开始实体校验。

已完成实体校验。

输入面编辑选项

[拉伸（E）/移动（M）/旋转（R）/偏移（O）/倾斜（T）/删除（D）/复制（C）/颜色（L）/材质（A）/放弃（U）/退出（X）]＜退出＞：（注：按"Esc"键退出）

8.6.3 旋转面

（1）功能　可以把任意平面绕某一轴旋转一定的角度。

（2）启动方法

方法一：点击"实体编辑"工具栏图标 ⬚。

方法二：在下拉菜单中选择"修改→实体编辑→旋转面"。

（3）示例　用"旋转面"命令将图8-25所示的正方体的左侧面旋转30°。

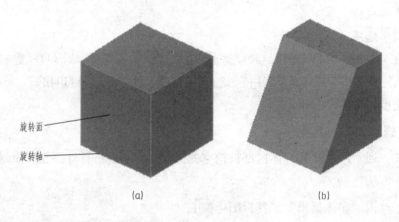

旋转面

旋转轴

(a)　　　　　　　　　(b)

图8-25　旋转面命令示例

操作方法：启动"旋转面"命令，按命令行提示操作。

命令：_solidedit

实体编辑自动检查：SOLIDCHECK＝1

输入实体编辑选项[面（F）/边（E）/体（B）/放弃（U）/退出（X）]＜退出＞：_face
输入面编辑选项

[拉伸（E）/移动（M）/旋转（R）/偏移（O）/倾斜（T）/删除（D）/复制（C）/颜色（L）/材质（A）/放弃（U）/退出（X）]＜退出＞：

_rotate

选择面或[放弃（U）/删除（R）]：（注：选择正方体的左侧面）

选择面或[放弃（U）/删除（R）/全部（ALL）]：（注：按"回车"键）

指定轴点或[经过对象的轴（A）/视图（V）/X轴（X）/Y轴（Y）/Z轴（Z）]＜两点＞：（注：选择图8-25（a）旋转轴上的任意一点）

在旋转轴上指定第二个点：（注：选择旋转轴上的另一点）

指定旋转角度或 ［参照 （R）］：（注：输入"－30"，按"回车"键）

已开始实体校验。

已完成实体校验。

输入面编辑选项

［拉伸 （E）/移动 （M）/旋转 （R）/偏移 （O）/倾斜 （T）/删除 （D）/复制 （C）/颜色 （L）/材质 （A）/放弃 （U）/退出 （X）］＜退出＞：（注：按"Esc"键退出）

8.6.4　倾斜面

（1） 功能　可以把任意平面沿倾斜轴倾斜一定的角度。

（2） 启动方法

方法一：点击"实体编辑"工具栏图标 。

方法二：在下拉菜单中选择"修改→实体编辑→倾斜面"。

（3） 示例　用"倾斜面"命令将图 8-26 所示长方体的左侧面倾斜 20°。

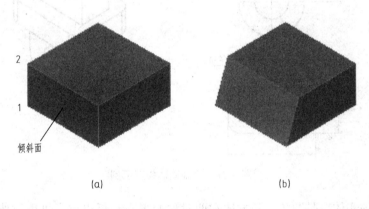

(a)　　　　　　　　　(b)

图 8-26　倾斜面命令示例

操作方法：启动"倾斜面"命令，按命令行提示操作。

命令：_ solidedit

实体编辑自动检查：SOLIDCHECK＝1

输入实体编辑选项 ［面 （F）/边 （E）/体 （B）/放弃 （U）/退出 （X）］＜退出＞：_ face

输入面编辑选项

［拉伸 （E）/移动 （M）/旋转 （R）/偏移 （O）/倾斜 （T）/删除 （D）/复制 （C）/颜色 （L）/材质 （A）/放弃 （U）/退出 （X）］＜退出＞：_ taper

选择面或 ［放弃 （U）/删除 （R）］：（注：选择长方体的左侧面）

选择面或 ［放弃 （U） /删除 （R）/全部 （ALL）］：（注：按"回车"键）

指定基点：（注：选择图 8-26 （a） 中的点 1）

指定沿倾斜轴的另一个点：（注：选择图 8-26 （a） 中的点 2）

指定倾斜角度：（注：输入"20"，按"回车"键）

已开始实体校验。

已完成实体校验。

输入面编辑选项

［拉伸（E）/移动（M）/旋转（R）/偏移（O）/倾斜（T）/删除（D）/复制（C）/颜色（L）/材质（A）/放弃（U）/退出（X）］＜退出＞：（注：按"Esc"键退出）

【本章示例】 根据图 8-27 所示的视图及其尺寸，创建其实体模型。

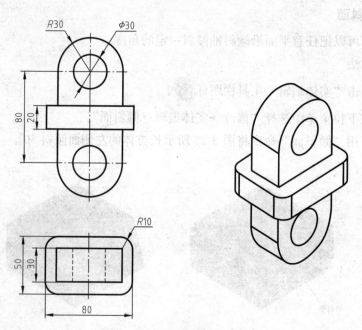

图 8-27 绘制实体模型示例

【分析】 该实体由带圆角的长方体和两对称的半圆头板组成，可用拉伸、差集、镜像、并集等命令绘制实体模型。

操作步骤如下。

步骤一：点击"视图"工具栏图标 ▣ ，在俯视图下用"矩形"命令作带圆角的 80×50 的长方形，如图 8-28（a）所示。

步骤二：点击"视图"工具栏图标 ◈ ，切换到西南轴测图，用"拉伸"命令作带圆角的长方体，拉伸的高度为 20，如图 8-28（b）所示。

步骤三：点击"视图"工具栏图标 ▣ ，在主视图下用"圆"命令、"直线"命令和"修剪"命令作如图 8-28（c）所示的图形，并将图形生成"面域"。

步骤四：点击"视图"工具栏图标 ◈ ，切换到西南轴测图，分别用"拉伸"命令和"差集"命令作带圆孔的半圆头板，拉伸的高度为 30，如图 8-28（d）所示。

步骤五：用"移动"命令将带圆孔的半圆头板移到带圆角的长方体上（基点分别为半圆头板的角点和长方体圆角的圆心），如图 8-28（e）所示。

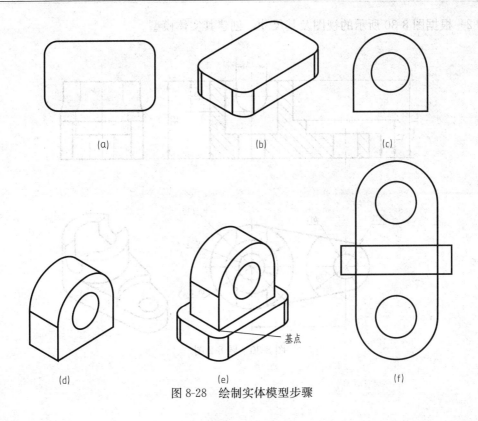

(a)　　　　　　　(b)　　　　　　　(c)

(d)　　　　　　　(e) 基点　　　　　　(f)

图 8-28　绘制实体模型步骤

步骤六：点击"视图"工具栏图标 ▣ ，在主视图下用"镜像"命令作如图 8-28（f）所示的图形。

步骤七：点击"视图"工具栏图标 ◈ ，切换到西南轴测图，用"并集"命令完成作图。

习　题　8

8-1　画出图 8-29 所示的实体，尺寸自定。

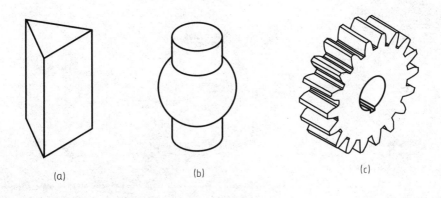

(a)　　　　　　　(b)　　　　　　　(c)

图 8-29　题 8-1 图

8-2 根据图 8-30 所示的视图及其尺寸，创建其实体模型。

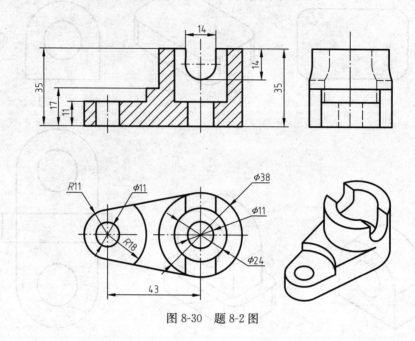

图 8-30　题 8-2 图

模块二

广东省及广州市计算机辅助设计绘图员考试

第9章 广东省及广州市计算机辅助设计考证题型详解

本章在前面章节的基础上，针对中级计算机辅助设计绘图员机械类技能鉴定的题型，包括基本设置、平面图形的绘制、补画第三视图、求作剖视图、由装配图拆画零件图等，进行详细分析和讲解。

9.1 基本设置

【题目】 绘图系统的基本操作。

（1）画图纸边界及图框线。按国家标准规定的 A4 幅面尺寸，不留装订边，竖放，画出图纸边界线及图框线，绘图比例 1：1。

（2）确定单位。长度单位取十进制，精度取小数点后 3 位；角度单位取度分秒制，精度取 0d。

（3）按以下规定设置图层及线型，并设定线型比例。绘图时不考虑图线宽度。

图层名称	颜色	（颜色号）	线型	绘制内容
01	绿	（3）	Continuous	粗实线
02	白	（7）	Continuous	细实线
04	黄	（2）	ACAD_ISO02W100	虚线
05	红	（1）	ACAD_ISO04W100	点划线
07	洋红	（6）	ACAD_ISO05W100	双点划线

（4）按国家标准的有关规定设置文字样式，然后画出并填写如图 9-1 所示的标题栏，不标注尺寸。

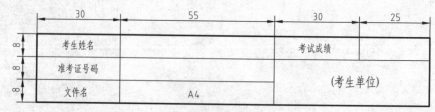

图 9-1 绘制标题栏

（5）完成以上各项后，以 A4 为文件名保存在指定的工作盘。

【分析】 本题为"基本设置"题，重点考查考生掌握制图标准中的图样规格和 AutoCAD 的基本设置方面的能力。要求考生掌握的知识包括：图幅设置、图层设置；用二维绘图命令和编辑命令绘制图框、标题栏；设置文字样式、输入文字等。

【解题步骤】

（1）设置竖放的 A4 图幅。

步骤一：设置图形界限。选择下拉菜单中"格式→图形界限（I）"，按命令行提示操作。

命令：'_limits

重新设置模型空间界限：

指定左下角点或［开（ON）/关（OFF）］＜0.0000，0.0000＞：（注：按"回车"键）

指定右上角点 ＜420.0000，297.0000＞：（注：输入"210，297"，按"回车"键）

步骤二：画出 A4 图幅的边框。点击"绘图"工具栏图标 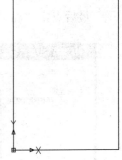，按命令行提示操作。

命令：_rectang

指定第一个角点或［倒角（C）/标高（E）/圆角（F）/厚度（T）/宽度（W）］：（注：输入"0，0"，按"回车"键）

指定另一个角点或［面积（A）/尺寸（D）/旋转（R）］：（注：输入"210，297"，按"回车"键）

步骤三：全屏放大视图。选择下拉菜单中"视图→缩放→全部（A）"。完成竖放的 A4 图幅的设置，如图 9-2 所示。

（2）确定单位。选择下拉菜单中"格式→单位（U）…"，屏幕弹出"图形单位"对话框，长度类型选择"小数"，精度选择"0.000"，类型选择"度/分/秒"，精度选择"0d"，完成设置后点击"确定"按钮，如图 9-3 所示。

（3）设置图层。以设置 05 图层为例，说明图层的设置方法。

步骤一：新建图层名称。点击工具栏图标 ，打开"图层特性

图 9-2　竖放的 A4 图幅

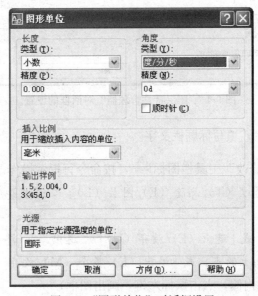

图 9-3　"图形单位"对话框设置

管理器"对话框,单击"新建图层"按钮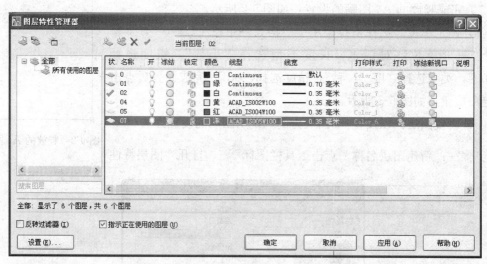,创建一个名称为"图层1"的新图层,将名称"图层1"改为"05"。

步骤二:设置图层颜色。单击图层的"颜色"列对应的图标,打开"选择颜色"对话框,选择颜色号为"2"的黄色,单击"确定"按钮。

步骤三:设置图层线型。单击"线型"列的对应线型,打开"选择线型"对话框,单击"加载(L)…"按钮,然后单击鼠标右键并选定"选择全部",再单击"确定"按钮,这样在"已加载的线型"列表框中就有所有的线型,然后选择"ACAD_ISO02W100"线型,单击"确定"按钮。

步骤四:设置图层线宽。单击"线宽"列的对应线宽,打开"线宽"对话框,选择"0.35"的线宽,单击"确定"按钮。

步骤五:设置线型比例。选择下拉菜单中"格式→线型(N)…",打开"线型管理器"对话框,单击"显示细节"按钮,在"全局比例因子(G)"中输入"0.35",单击"确定"按钮。

其他图层的设置可参考05图层的设置,设置完成后"图层特性管理器"对话框如图9-4所示,最后点击"确定"按钮。

图 9-4 "图层特性管理器"对话框的设置

(4)画图框和标题栏,填写标题栏文字。

① 画图框。点击"修改"工具栏图标,按命令行提示操作。

指定偏移距离或[通过(T)/删除(E)/图层(L)]<通过>:(注:输入"10",按"回车"键)

选择要偏移的对象,或[退出(E)/放弃(U)]<退出>:(注:选择A4图幅的边框)

指定要偏移的那一侧上的点,或[退出(E)/多个(M)/放弃(U)]<退出>:(注:鼠标放在A4图幅边框的内侧,点击鼠标左键,画出图框)

选择要偏移的对象,或[退出(E)/放弃(U)]<退出>:(注:按"回车"键结束)

选中图框线，在"图层"对话框中选"01"图层，按"Esc"键退出，图框线改为粗实线，完成画图框，如图 9-5 所示。

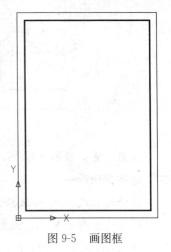

图 9-5　画图框

② 在图框右下角画标题栏。

步骤一：作直线 BC 和 CD。点击"绘图"工具栏图标 ，按命令行提示操作。

命令：_line 指定第一点：（注：极轴打开，增量角为系统默认的 90°，对象捕捉和对象捕捉追踪打开，将十字光标放在如图 9-5 所示的 A 点，向上移动光标，输入"24"，按"回车"键，则确定直线的第一点 B）

指定下一点或 [放弃（U）]：（注：向左移动光标，输入"140"，按"回车"键，则确定直线的 C 点）

指定下一点或 [放弃（U）]：（注：向下移动光标，在与图框直线产生"极轴：交点"处点击鼠标左键，则确定直线的 D 点）

指定下一点或 [闭合（C）/放弃（U）]：（注：按"回车"键）

作出直线 BC 和 CD，如图 9-6 所示。

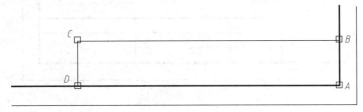

图 9-6　作直线 BC 和 CD

步骤二：用偏移命令作其他直线。点击"修改"工具栏图标 ，按命令行提示操作。

指定偏移距离或 [通过（T）/删除（E）/图层（L）]＜通过＞：（输入"8"，按"回车"键）

选择要偏移的对象，或 [退出（E）/放弃（U）]＜退出＞：（注：选择直线 BC）

指定要偏移的那一侧上的点，或 [退出（E）/多个（M）/放弃（U）]＜退出＞：（注：将光标放在直线 BC 的下侧，点击鼠标左键，画出直线 EF）

选择要偏移的对象，或 [退出（E）/放弃（U）]＜退出＞：（注：选择直线 EF）

指定要偏移的那一侧上的点，或 [退出（E）/多个（M）/放弃（U）]＜退出＞：（注：将光标放在直线 EF 的下侧，点击鼠标左键，画出直线 GH）

选择要偏移的对象，或 [退出（E）/放弃（U）]＜退出＞：（注：按"回车"键结束）

其他竖直线同样可用偏移命令画出，如图 9-7 所示。

步骤三：修剪直线。点击"修改"工具栏图标 ，按命令行提示操作。

命令：_trim

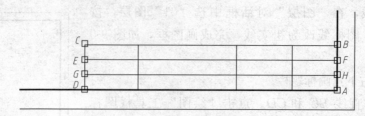

图9-7　作标题栏直线

当前设置：投影＝UCS，边＝无

选择剪切边…

选择对象或＜全部选择＞：（注：按"回车"键或单击鼠标右键）

选择要修剪的对象，或按住 Shift 键选择要延伸的对象，或［栏选（F）/窗交（C）/投影（P）/边（E）/删除（R）/放弃（U）］：（注：选择要修剪的直线段，按"回车"键）

步骤四：更改线型。选择直线 BC 和 CD，在"图层"对话框中选"01"图层，按"Esc"键退出，直线 BC 和 CD 改为粗实线；选中标题栏的其他直线，在"图层"对话框中选"02"图层，按"Esc"键退出，标题栏的其他直线改为细实线，完成画标题栏，如图9-8所示。

图9-8　画标题栏

③ 填写标题栏文字。

步骤一：输入文字："学校"。点击"绘图"工具栏图标 **A**，按命令行提示操作。

指定第一个角点：（注：捕捉图9-9所示的 A 点）

指定对角点或［高度（H）/对正（J）/行距（L）/旋转（R）/样式（S）/宽度（W）/列（C）］：（注：捕捉图9-9所示的 B 点）

打开"文字格式"对话框中，文字样式选"机械"，字高选"7"，图层选用02图层，然后在文字编辑器窗口中输入"××学校"，多行文字对正选"正中"，最后点击"确定"按钮，完成文字"××学校"的输入。

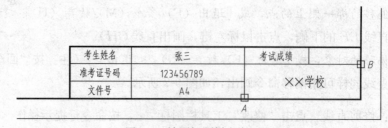

图9-9　填写标题栏文字

步骤二：参考上述方法输入"考生姓名"、"准考证号码"、"文件名"、"考试成绩"等其他文字，字高选"5"，完成标题栏文字的填写，如图9-9所示。

（5）保存文件。点击"标准"工具栏图标 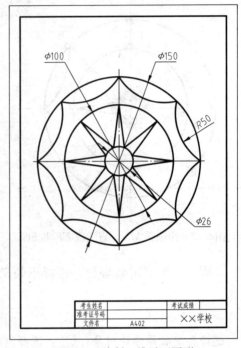，打开"图形另存为"对话框，以"A4"为文件名保存在指定的工作盘，点击"保存"按钮。

9.2 绘制二维平面图形

【题目】 按1：1比例作出图9-10，不标注尺寸。调用原来A4文件设置的图幅和图层作图，作图结果以A402文件名保存在指定的工作盘。

【分析】 本题为"几何作图"题，绘图前应分析图形的特点和各元素的相互关系，以确定作图方法和步骤。该图的特点是围绕圆心排列多个对象（圆弧和直线），作图时只需作一段圆弧和两段直线，再用环形阵列则可完成其他圆弧和直线段的绘制。重点考查考生阵列命令、定数等分命令等的使用。要求考生掌握的知识包括：圆命令、圆弧命令、直线命令、陈列命令定数等分命令、修剪命令、点样式的设置、对象捕捉的设置等。

【解题步骤】

（1）打开A4.dwg文件，选择下拉菜单中"文件→另存为（A）…"，打开"图形另存为"对话框，以"A402"为文件名保存在指定的工作盘，点击"保存"按钮。并将标题栏中的多行文字"A4"改为"A402"。

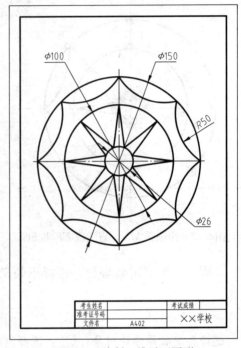

图9-10 绘制二维平面图形

（2）作两互相垂直相交的点划线 AB 和 CD，作三个同心圆，如图9-11所示。

步骤一：作两互相垂直的点划线 AB 和 CD。选择"05"图层为当前图层，点击"绘图"工具栏图标 ，按命令行提示操作。

命令：_line 指定第一点：（注：极轴打开，增量角为系统默认的90°，对象捕捉和对象捕捉追踪打开，在图框内适当位置指定任意点，如图9-11所示的 A 点）

指定下一点或［放弃（U）］：（注：向右水平移动光标，指定任意点，如图9-11所示的 B 点）

作出水平线 AB 后，用同样方法作出竖直线 CD。

步骤二：作三个同心圆。选择"01"图层为当前图

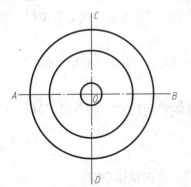

图9-11 作两相交直线和三个同心圆 层，点击"绘图"工具栏图标 ，按命令行提示操作。

_circle 指定圆的圆心或［三点（3P）/两点（2P）/相切、相切、半径（T）］：（注：捕捉直线 *AB* 和 *CD* 的交点 *O*）

指定圆的半径或［直径（D）］：（注：输入圆的半径"75"，按"回车"键）

作出直径为 $\phi150$ 的圆后，用同样方法作出直径为 $\phi100$ 和直径为 $\phi26$ 的圆。

（3）作圆弧 *MN*、直线 *EF* 和 *FG*，如图 9-12 所示。

步骤一：设置"点样式"。选择下拉菜单中"格式→点样式（P）…"，打开"点样式"对话框，选择点样式 ⊠ ，点击"确定"按钮，如图 9-13 所示。

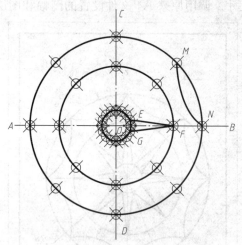

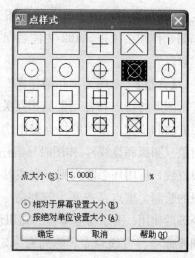

图 9-12　作圆弧 *MN*、直线段 *EF* 和 *FG*　　　　　图 9-13　设置"点样式"

步骤二：将圆定数等分。选择下拉菜单中"绘图→点→定数等分"，按命令行提示操作。

命令：_divide

选择要定数等分的对象：（注：选择直径为 $\phi150$ 的圆）

输入线段数目或［块（B）］：（注：输入"8"，按"回车"键）

将直径为 $\phi150$ 的圆等分 8 等份，用同样方法，将直径为 $\phi100$ 的圆和直径为 $\phi26$ 的圆分别等分 8 等份和 16 等份。

步骤三：对象捕捉模式选择"节点"。在状态栏"对象捕捉"按钮中单击鼠标右键，选择"设置"，打开"草图设置"对话框，对象捕捉模式选择"节点"，点击"确定"按钮，如图 9-14 所示。

步骤四：作圆弧 *MN*。选择下拉菜单中"绘图→圆弧→起点、端点、半径（R）"，按命令行提示操作。

命令：_arc 指定圆弧的起点或［圆心（C）］：（注：捕捉如图 9-12 所示的节点"*M*"，点击鼠标左键）

指定圆弧的第二个点或［圆心（C）/端点（E）］：_e

指定圆弧的端点：（注：捕捉如图 9-12 所示的节点"*N*"，点击鼠标左键）

指定圆弧的圆心或［角度（A）/方向（D）/半径（R）］：_r 指定圆弧的半径：（注：输入

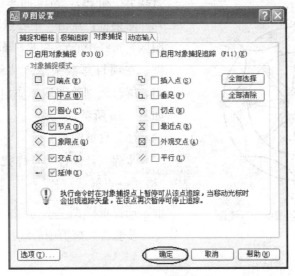

图9-14　设置"对象捕捉"

圆弧的半径"50"，按"回车"键）；

作出圆弧 *MN*。

步骤五：作直线 *EF* 和 *FG*。点击"绘图"工具栏图标 ，按命令行提示操作。

命令：_line 指定第一点：（注：捕捉如图9-12所示的节点"*E*"点，点击鼠标左键）

指定下一点或［放弃（U）］：（注：捕捉如图9-12所示的节点"*F*"点，点击鼠标左键）

指定下一点或［放弃（U）］：（注：捕捉如图9-12所示的节点"*G*"点，点击鼠标左键）

指定下一点或［闭合（C）/放弃（U）］：（注：按"回车"键）

作出直线 *EF* 和 *FG*。

（4）作其他圆弧和直线段。点击"修改"工具栏图标 ，打开"阵列"对话框，如图9-15所示，选择"环形阵列"，点击"选择对象"按钮，屏幕回到绘图区，选择圆弧 *MN* 及

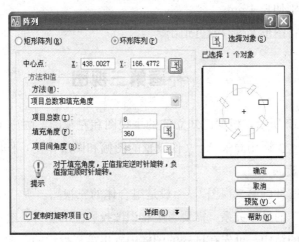

图9-15　"阵列"对话框设置

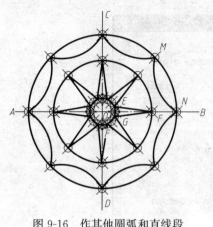

图9-16 作其他圆弧和直线段

直线 EF 和 FG，按"回车"键，屏幕返回"阵列"对话框，点击"中心点"按钮，屏幕回到绘图区，选择中心点"O"，屏幕返回"阵列"对话框，在项目总数中输入"8"，点击"确定"按钮，屏幕回到绘图区，作出其他圆弧和直线段，如图 9-16 所示。

（5）修整图形。

步骤一：设置"点样式"。选择下拉菜单中"格式→点样式（P）…"，打开"点样式"对话框，选择点样式 ▢ ，点击"确定"按钮。

步骤二：修剪中心线。点击"修改"工具栏图标 ⌐ ，按命令行提示操作。

命令条目：trim

当前设置：投影＝当前值，边＝当前值

选择剪切边…

选择对象或＜全部选择＞：（注：按"回车"键）

选择对象或＜全部选择＞：（注：选择两中心线的两端，按"回车"键，修剪中心线）

步骤三：拉长中心线。选择下拉菜单中"修改（M）→拉长（G）"，按命令行提示操作。

命令：_lengthen

选择对象或［增量（DE)/百分数（P)/全部（T)/动态（DY)］：（注：输入"de"，按"回车"键）

输入长度增量或［角度（A）］＜0.0000＞：（注：输入"4"，按"回车"键）

选择要修改的对象或［放弃（U）］：（注：分别选择两中心线的两端，按"回车"键）

中心线向两端分别伸长4mm。

（6）检查图形，将图形文件存盘并退出。

9.3 补画第三视图

【题目】 如图 9-17 所示，根据已知立体的主视图和左视图，画出主视图和左视图，并作俯视图，不标注尺寸。调用原来 A4 文件设置的图幅和图层作图，作图结果以 A403 文件名保存在指定的工作盘。

【分析】 本题的"补画第三视图"，一般是组合体的三视图，画三视图要求符合"长对正，高平齐，宽相等"的投影关系，需要考生有识读投影图的能力。绘图前根据给出的两个投影图，分析组合体的结构，可先在试题的图样中画出第三投影的草图，然后再通过 Auto-CAD 按要求完成作图。该组合体的基本体是长方体，将长方体切割一个三棱柱和两个四棱

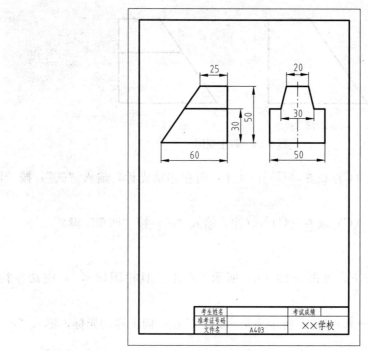

图 9-17　补画第三视图

柱而成，其立体图如图 9-18（a）所示，俯视图如图 9-18（b）所示。

　　本题重点考查考生识读投影图的能力和画三视图的能力，要求考生掌握的知识包括识读投影图、直线命令、对象捕捉和对象追踪等。

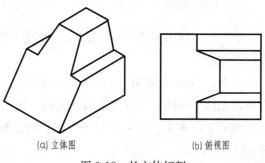

　　（a）立体图　　　　　　　　　　（b）俯视图

图 9-18　长方体切割

【解题步骤】

　　（1）打开 A4. dwg 文件，选择下拉菜单中"文件→另存为（A）…"，打开"图形另存为"对话框，以"A403"为文件名保存在指定的工作盘，点击"保存"按钮。并将标题栏中的多行文字"A4"改为"A403"。

　　（2）画主视图。

　　步骤一：作出四边形 ABCD，如图 9-19（a）所示。选择"01"图层为当前图层，点击工具栏图标✐，按命令行提示操作。

　　命令：_line 指定第一点：（注：极轴打开，增量角为系统默认的 90°，对象捕捉和对象捕捉追踪打开，在图框内适当位置指定任意点 A）

　　指定下一点或［放弃（U）］：（注：向右移动光标，输入"25"，按"回车"键，则确定直线的 B 点）

　　指定下一点或［放弃（U）］：（注：向下移动光标，输入"50"，按"回车"键，则确定直线的 C 点）

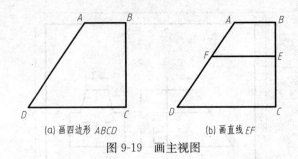

图 9-19 画主视图

指定下一点或［闭合（C）/放弃（U）］：（注：向左移动光标，输入"60"，按"回车"键，则确定直线的 D 点）

指定下一点或［闭合（C）/放弃（U）］：（注：输入"c"，按"回车"键）

作出四边形 ABCD。

步骤二：作出直线 EF，如图 9-19（b）所示。点击工具栏图标 ✏，按命令行提示操作。

命令：_line 指定第一点：（注：将十字光标放在 C 点，向上移动光标，输入"30"，按"回车"键，则确定 E 点）

指定下一点或［放弃（U）］：（注：向左移动光标，与直线 CD 产生极轴交点，单击鼠标左键，确定直线的 F 点，按"回车"键，作出直线 EF）

（3）画左视图。

步骤一：作出多边形 GHIJKL，如图 9-20（a）所示。点击工具栏图标 ✏，按命令行提示操作。

命令：_line 指定第一点：（注：将十字光标放在如图 9-19（b）所示主视图的 B 点，向右移动光标，在任意位置点击鼠标左键，确定 G 点）

指定下一点或［放弃（U）］：（注：向左移动光标，输入"10"，按"回车"键，则确定 H 点）

指定下一点或［放弃（U）］：（注：向下移动光标，输入"50"，按"回车"键，则确定 I 点）

指定下一点或［闭合（C）/放弃（U）］：（注：向左移动光标，输入"25"，按"回车"键，则确定 J 点）

指定下一点或［闭合（C）/放弃（U）］：（注：向上移动光标，输入"30"，按"回车"键，则确定 K 点）

指定下一点或［闭合（C）/放弃（U）］：（注：向右移动光标，输入"10"，按"回车"键，则确定 L 点）

指定下一点或［闭合（C）/放弃（U）］：（注：输入"c"，按"回车"键，作出多边形 GHIJKL）

步骤二：将直线 HI 改为点划线并拉长，如图 9-20（b）所示。选中直线 HI，在"图层"对话框中选"05"图层，按"Esc"键退出，直线 HI 改为点划线。

选择下拉菜单中"修改（M）→拉长（G）"，按命令行提示操作。

命令：_lengthen

选择对象或［增量（DE）/百分数（P）/全部（T）/动态（DY）］：（注：输入"de"，按"回车"键）

输入长度增量或［角度（A）］＜0.0000＞：（注：输入"4"，按"回车"键）

选择要修改的对象或［放弃（U）］：（注：分别选择直线 *HI* 的两端，按"回车"键）

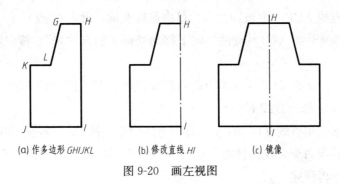

(a) 作多边形 *GHIJKL*　　　(b) 修改直线 *HI*　　　(c) 镜像

图 9-20　画左视图

步骤三：用镜像命令完成左视图，如图 9-20（c）所示。点击工具栏图标 ，按命令行提示操作。

命令条目：mirror

选择对象：（使用对象选择方法选择直线 *GH*、*IJ*、*JK*、*KL*、*LG*，并按"回车"键）

指定镜像线的第一点：（对象捕捉 *H* 点）

指定镜像线的第二点：（对象捕捉 *I* 点）

要删除源对象吗？［是（Y）/否（N）］＜否＞：（按"回车"键，完成左视图）

（4）作出俯视图。

步骤一：分析主视图和左视图，手工绘制俯视图的草图。

步骤二：作出四边形 *MNOP*，如图 9-21（a）所示。点击工具栏图标 ，按命令行提示操作。

命令：_line 指定第一点：（注：将十字光标放在如图 9-19（b）所示主视图的 *D* 点，向下移动光标，在任意位置点击鼠标左键，确定 M 点）

指定下一点或［放弃（U）］：（注：向右移动光标，输入"60"，按"回车"键，则确定 N 点）

指定下一点或［放弃（U）］：（注：向下移动光标，输入"25"，按"回车"键，则确定 O 点）

指定下一点或［闭合（C）/放弃（U）］：（注：向左移动光标，输入"60"，按"回车"键，则确定 P 点）

指定下一点或［闭合（C）/放弃（U）］：（注：输入"c"，按"回车"键，作出四边形

MNOP）

步骤三：将直线*OP*改为点划线并拉长，如图9-21（b）所示。可参照上述（3）画左视图中的步骤二，在此不再详述。

步骤四：作直线*QR*和*RS*、*TU*和*UV*，连接*RU*，如图9-21（c）所示。

点击工具栏图标✎，按命令行提示操作。

命令：_line 指定第一点：（注：将十字光标放在如图9-19（b）所示主视图的*R*点，向下移动光标，与直线*MN*产生极轴交点，单击鼠标左键，确定*Q*点）

指定下一点或［放弃（U）］：（注：向下移动光标，输入"10"，按"回车"键，则出直线*QR*）

指定下一点或［放弃（U）］：（注：向右移动光标，与直线*NO*产生极轴交点，单击鼠标左键，确定*S*点，作出直线*RS*）

参照上述方法作出直线*TU*和*UV*，并用直线命令连接*RU*，在此不再详述。

步骤五：用镜像命令完成俯视图，如图9-21（d）所示。可参照上述（3）画左视图中的步骤三，在此不再详述。

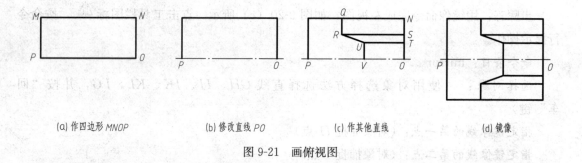

(a) 作四边形 *MNOP*　　　(b) 修改直线 *PO*　　　(c) 作其他直线　　　(d) 镜像

图 9-21　画俯视图

（5）检查图形，将图形文件存盘并退出。

9.4　求作剖视图

【题目】　把图9-22所示的左视图画成全剖视图。绘图前先打开图形文件 A404.dwg，该图已作了必要的设置，可直接在其上作图，作图结果以原文件名保存。

【分析】　本题为"作剖视图"，是机械制图中有关机件内部形状表达方法的内容，需要考生有一定表达图样的能力。绘图前根据给出的投影图，分析机件的内部结构，可先在题目图样中画剖视图的草图，然后再通过 AutoCAD 按要求完成作图。该机件的全剖视图如图9-23所示。

本题重点考查考生表达机件内部形状的能力，要求考生掌握的知识包括：识读投影图、全剖视图的画法、删除命令、修剪命令、特性匹配命令、图案填充命令等。

【解题步骤】

（1）打开 A404.dwg 文件。

（2）画左视图的全剖视图。

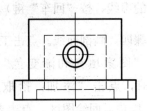
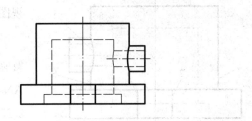

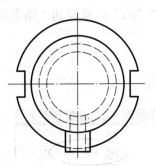

图 9-22　作剖视图

步骤一：删除多余线段。点击工具栏图标 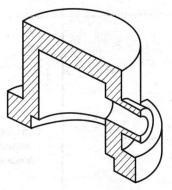 ，按命令行提示操作。

命令：_erase

选择对象：（注：选择如图 9-24 所示的圆弧 1 和直线 2、3，按"回车"键）

步骤二：修剪线段。点击工具栏图标 ，按命令行提示操作。

命令：_trim

当前设置：投影＝UCS，边＝无

选择剪切边…

图 9-23　机件的全剖视图

选择对象或 ＜全部选择＞：（注：选择如图 9-24 所示的直线 4、5 为剪切边，按"回车"键）

选择要修剪的对象，或按住 Shift 键选择要延伸的对象，或［栏选（F）/窗交（C）/投影（P）/边（E）/删除（R）/放弃（U）］：（注：选择如图 9-24 所示的直线 6 的中间部分为修剪对象，按"回车"键）

步骤三：将虚线线型改为粗实线。点击工具栏图标 ，按命令行提示操作。

命令：'_matchprop

选择源对象：（注：选择图中的任意粗实线）

当前活动设置：颜色图层线型线比例线宽厚度打印样式标注文字填充图案多段线视口表格材质阴影显示多重引线

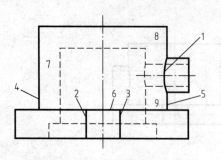

图 9-24　左视图的线和区域

选择目标对象或［设置（S）］：（注：选择左视图中的虚线，按"回车"键）

步骤四：画剖面线。点击工具栏图标 ⊞，屏幕弹出"图案填充和渐变色"对话框，图案选 ANST31，点击"添加：拾取点"按钮（见图 9-25），屏幕返回绘图区，点击要进行画剖面线的内部封闭区域（见图 9-24 的 7、8、9 的区域，按"回车"键），屏幕回到"图案填充和渐变色"对话框，点击"确定"按钮。

作出左视图的全剖视图，如图 9-26 所示。

（3）检查图形，无误后将图形文件存盘并退出。

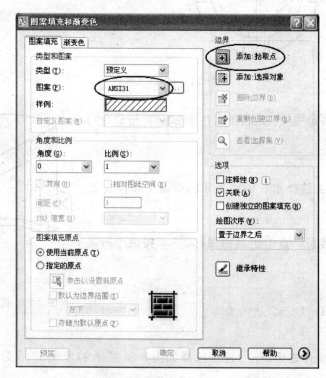

图 9-25　"图案填充和渐变色"对话框

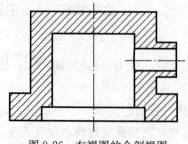

图 9-26　左视图的全剖视图

9.5　抄画零件图

【**题目**】　按题目要求抄画图 9-27 所示零件的主视图和左视图。

（1）调用 A4 设置的图层画图，图幅为 A3，绘图比例 1∶1，图中未注圆角为 R3。

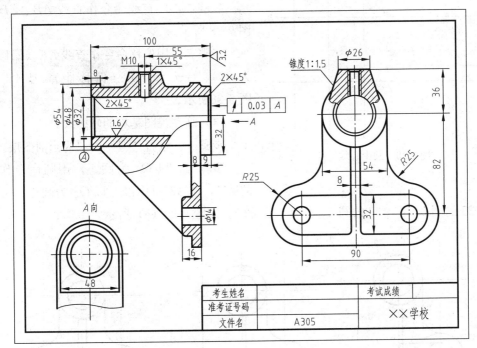

图 9-27　零件图

（2）按国家标准有关规定，标注主视图尺寸和形位公差。

（3）标注表面粗糙度代号（粗糙度代号要使用带属性的块的方法标注，块的文件名为 BM01，保存在指定的工作盘）。

（4）作图结果以 A305 文件名保存在指定的工作盘。

【**分析**】　本题为"抄画零件图"，是对绘图知识全面、综合的运用。需要考生有一定识图能力和综合运用 AutoCAD 进行绘图、标注等能力。绘图前应看清题目要求，根据给出的投影图，分析零件的结构，然后再通过 AutoCAD 按要求完成作图。因图线较多，作图的顺序一般采用"先大后小，先易后难"的方法，则先画出图中大的基本轮廓，再画些细小的轮廓，先画简单的结构，再画复杂的结构。本题的难点之一是锥度的画法和螺纹的画法。

该图为轴承架零件图，由圆柱体套筒、支架、带螺孔的凸合组成。

本题全面考查考生综合的能力，要求考生掌握的知识包括：识读零件图、二维绘图命令、图形编辑命令、尺寸标注、公差标注、表面粗糙度标注等。

【**解题步骤**】

（1）打开 A4.dwg 文件，选择下拉菜单中"文件→另存为（A）…"，打开"图形另存为"对话框，以"A305"为文件名保存在指定的工作盘，点击"保存"按钮。并将标题栏中的多行文字"A4"改为"A305"。

（2）设置 A3 图幅。用拉伸命令将 A4 图幅改为 A3 图幅（参照"4.11 拉伸命令示例"）。

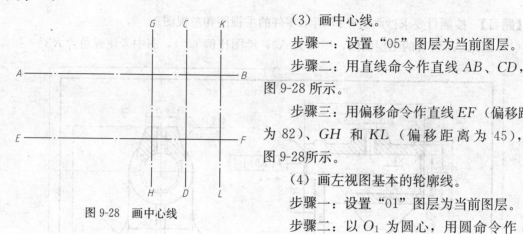

图 9-28　画中心线

（3）画中心线。

步骤一：设置"05"图层为当前图层。

步骤二：用直线命令作直线 AB、CD，如图 9-28 所示。

步骤三：用偏移命令作直线 EF（偏移距离为 82）、GH 和 KL（偏移距离为 45），如图 9-28 所示。

（4）画左视图基本的轮廓线。

步骤一：设置"01"图层为当前图层。

步骤二：以 O_1 为圆心，用圆命令作 $\phi54$ 的圆 1，作 $\phi32$ 的圆 2；以 O_2 为圆心，用圆命令作 $R25$ 的圆 3，作 $\phi32$ 的圆 4，作 $\phi14$ 的圆 5。如图 9-29（a）所示。

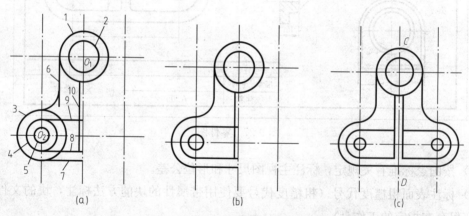

图 9-29　画左视图基本的轮廓线

步骤三：用直线命令分别作直线 6、直线 7、直线 8、直线 9 和直线 10，如图 9-29（a）所示。

步骤四：用圆角命令对直线 6 和圆 3 进行圆角，圆角半径为 $R25$，如图 9-29（a）所示。

步骤五：用修剪命令对直线和圆进行修剪，如图 9-29（b）所示。

步骤六：用镜像命令，以 CD 为镜像线，对图形进行镜像复制，如图 9-29（c）所示。

（5）画主视图基本的轮廓线。

步骤一：用直线命令作圆柱体套筒的上半部分，如图 9-30（a）所示。

步骤二：用镜像命令作圆柱体套筒的下半部分，如图 9-30（b）所示。

步骤三：用直线命令作零件的支架部分，如图 9-30（c）所示。

步骤四：用样条曲线命令作波浪线，作波浪线后改为"02"图层的细实线，如图 9-30（d）所示。

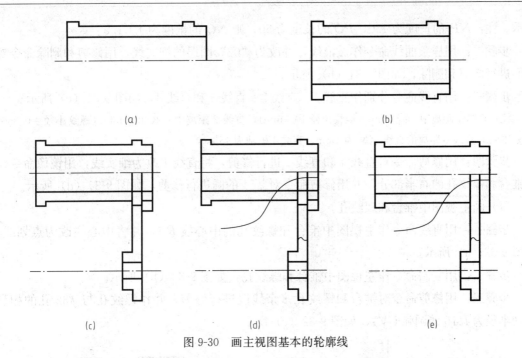

(a)　　　　　　　　　　　　　　(b)

(c)　　　　　　(d)　　　　　　(e)

图 9-30　画主视图基本的轮廓线

步骤五：用修剪和删除命令对多余线段进行修剪和删除，如图 9-30（e）所示。

（6）画左视图中锥度为 1∶1.5 的锥台和 M10 螺纹孔。

步骤一：在左视图中，用直线命令分别作直线 MN、NP、PQ 和 NQ，如图 9-31（a）

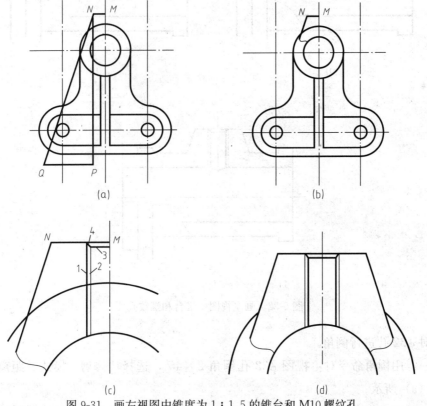

(a)　　　　　　　　　　　　　(b)

(c)　　　　　　　　　　　　(d)

图 9-31　画左视图中锥度为 1∶1.5 的锥台和 M10 螺纹孔

所示。注：NP 的长度为 150，PQ 的长度为 50，则 NQ 的锥度为 1：1.5。

步骤二：用样条曲线命令作波浪线，并改为"02"图层的细实线，用修剪和删除命令对图形进行修剪和删除，如图 9-31（b）所示。

步骤三：用直线命令分别作直线 1、直线 2、直线 3 和直线 4，如图 9-31（c）所示。

注：直线 1 距离中心线 5mm（螺纹大径 10/2mm），直线 2 距离中心线 4.25mm（螺纹小径＝0.85×螺纹大径），直线 3 距离的直线 MN 为 1mm，直线 4 极轴为 45°。

步骤四：用修剪命令对直线 1 和直线 2 进行修剪，将直线 1 改为细实线，用镜像命令作出锥台和螺纹孔的右半部分，并用修剪命令对 $\phi54$ 的圆进行修剪，如图 9-31（d）所示。

（7）画主视图中锥台和螺纹孔。

步骤一：用直线命令作主视图中锥台和螺纹孔的中心线 RS，并将中心线改为点划线，如图 9-32（a）所示。

步骤二：用复制命令作左视图中锥台和螺纹孔，如图 9-32（b）所示。

步骤三：用修剪命令对锥台和螺纹孔多余线段进行修剪，并作螺纹孔与 $\phi32$ 孔的相贯线（半径为 $R16$ 的圆弧 UV），如图 9-32（c）所示。

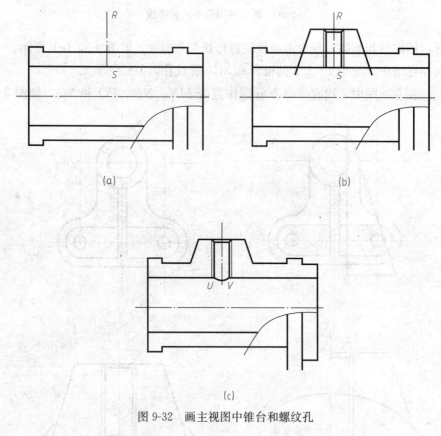

(a)

(b)

(c)

图 9-32　画主视图中锥台和螺纹孔

（8）对 $\phi32$ 孔进行倒角。

步骤一：用倒角命令对主视图 $\phi32$ 孔倒角 $2×45°$，选择"修剪"模式，距离为 2mm，如图 9-33（a）所示。

步骤二：用直线命令补画被"修剪"的直线，如图 9-33（b）所示。

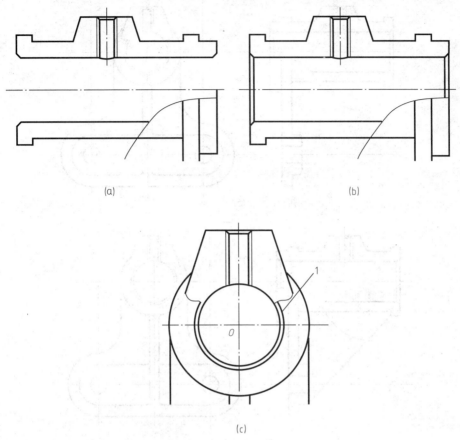

图 9-33　$\phi 32$ 孔进行倒角

步骤三：用圆命令对左视图以 O 作直径为 $\phi 34$ 的圆 1，并用修剪命令进行修剪，如图 9-33（c）所示。

（9）倒圆角，作直线 XY，修剪点划线。

步骤一：用圆角命令对图中未注圆角进行倒圆角（选择"修剪"模式，半径为 2mm），如图 9-34（a）所示。

步骤二：用直线命令补画被"修剪"的直线，用直线命令作直线 XY（与圆角圆弧相切），如图 9-34（b）所示。

步骤三：用修剪命令修剪波浪线和点划线，用拉长命令对点划线两端拉长 4mm，如图 9-34（c）所示。

（10）画剖面线。

步骤一：设置"02"图层为当前图层。

步骤二：用图案填充命令画剖面线，如图 9-35（a）所示，注意螺纹大径和小径间的区域必须画剖面线，如图 9-35（b）所示。

（11）标注主视图尺寸和形位公差。

步骤一：设置"机械"标注样式（参照 5.1.2 标注样式的设置），如图 9-36 所示。选择"机械"样式为当前标注样式，如图 9-37 所示。

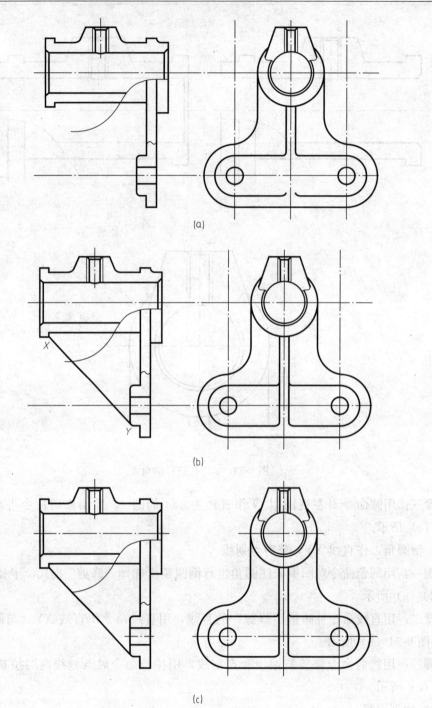

(a)

(b)

(c)

图 9-34 倒圆角，并作直线 XY，修剪线

步骤二：用线性标注命令标注线性尺寸，如图 9-38（a）所示。

步骤三：用编辑标注命令修改标注，在尺寸 54、48、32 前面加 ϕ，在尺寸 10 前面加 M，如图 9-38（b）所示。

步骤四：标注倒角，如图 9-39 所示。

步骤五：标注形位公差及基准符号，如图 9-40 所示。

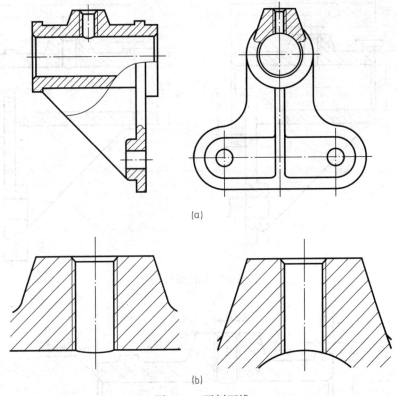

(a)

(b)

图 9-35　画剖面线

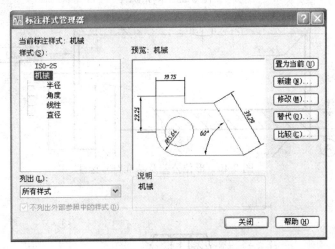

图 9-36　"机械"标注样式

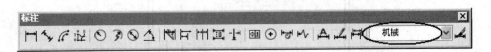

图 9-37　选择"机械"样式

（12）标注表面粗糙度代号（参照"5.5.2 表面粗糙度的标注"），如图 9-41 所示。

（13）检查图形，将图形文件存盘并退出，完成作图，如图 9-42 所示。

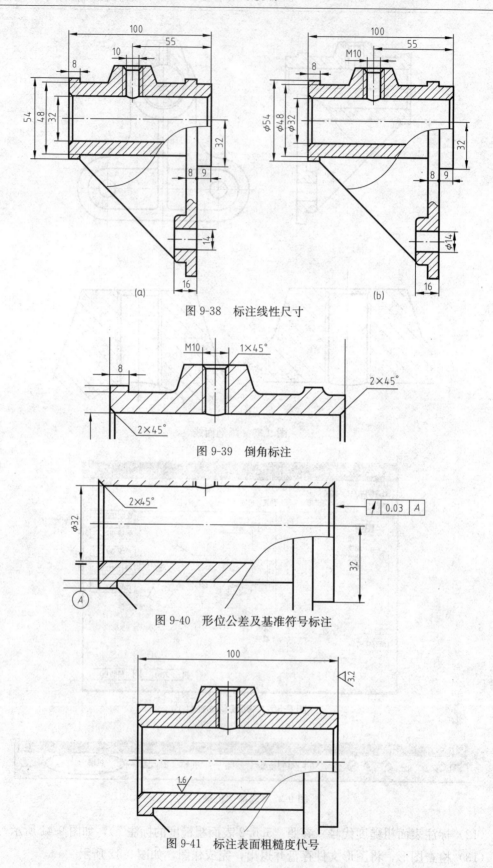

图 9-38　标注线性尺寸

图 9-39　倒角标注

图 9-40　形位公差及基准符号标注

图 9-41　标注表面粗糙度代号

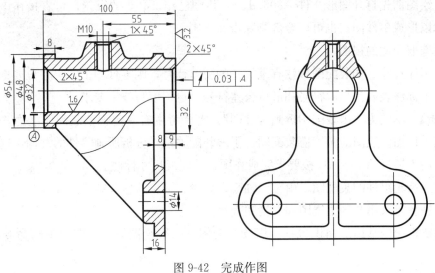

图 9-42　完成作图

9.6　由装配图拆画零件图

【题目】　由给出的结构齿轮组件装配图（见图 9-43）拆画零件 1（轴套）的零件图。

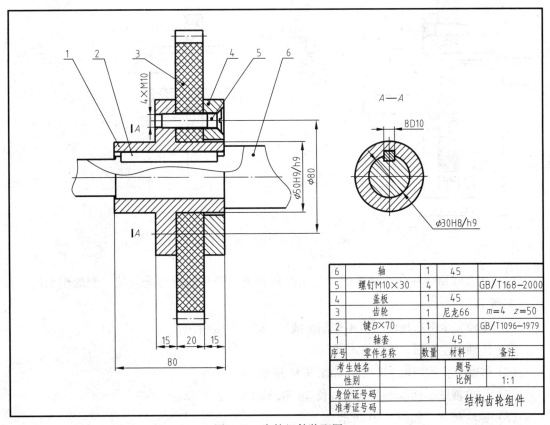

6	轴	1	45	
5	螺钉 M10×30	4		GB/T168-2000
4	盖板	1	45	
3	齿轮	1	尼龙66	$m=4$　$z=50$
2	键 B×70	1		GB/T1096-1979
1	轴套	1	45	
序号	零件名称	数量	材料	备注

考生姓名		题号	
性别		比例	1:1
身份证号码			结构齿轮组件
准考证号码			

图 9-43　齿轮组件装配图

（1）绘图前先打开图形文件 A306.dwg，该图已作了必要的设置，可直接在该装配图上进行编辑以形成零件图，也可以全部删除重新作图。

（2）选取合适的视图。

（3）标注尺寸。如装配图标注有某尺寸的公差代号，则零件图上该尺寸也要标注上相应的代号。不标注表面粗糙度符号和形位公差符号，也不填写技术要求。

【分析】 本题为"由装配图拆画零件图"，需要考生有一定识读装配图能力，并能够按要求拆画零件图。绘图前应读懂装配图，了解装配关系，分析所画零件的结构，选择正确的视图，然后再通过 AutoCAD 按要求完成作图，并完成尺寸标注。

该图为齿轮组件的装配图，由轴、轴套、齿轮、键、盖板和螺钉组成，要求拆画轴套的零件图。轴套可采用全剖主视图和左视图表达。

本题要求考生掌握的知识包括：识读装配图、二维绘图命令、图形编辑命令和尺寸标注等。

【解题步骤】

（1）打开 A306.dwg 文件。

（2）用移动命令将轴套的相关的线移出，如图 9-44 所示。

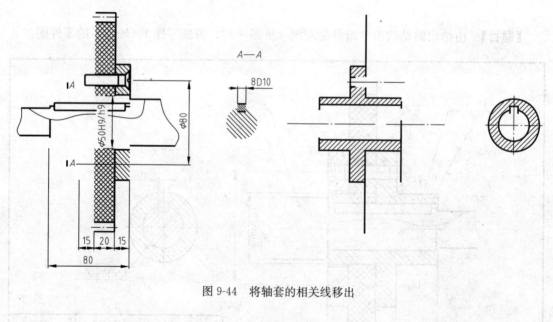

图 9-44　将轴套的相关线移出

（3）用直线命令补画所缺直线，并用修剪和删除命令剪除多余直线，删除剖面线，如图 9-45 所示。

（4）作轴套全剖主视图（暂不作剖面线），如图 9-46 所示。

（5）作轴套左视图，如图 9-47 所示。

（6）作轴套孔的倒角 1×45°，如图 9-48 所示。

（7）作主视图剖面线，点划线拉长 3mm，如图 9-49 所示。

（8）标注尺寸，如图 9-50 所示。

（9）检查图形，将图形文件存盘并退出。

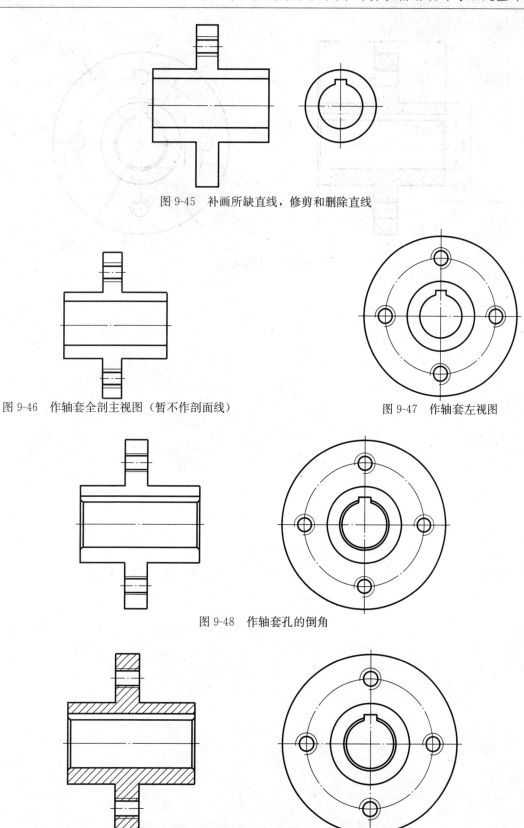

图 9-45　补画所缺直线，修剪和删除直线

图 9-46　作轴套全剖主视图（暂不作剖面线）

图 9-47　作轴套左视图

图 9-48　作轴套孔的倒角

图 9-49　作主视图剖面线，点划线拉长

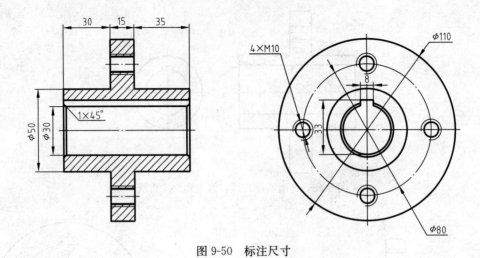

图 9-50　标注尺寸

第10章 广东省及广州市计算机辅助设计试题

10.1 广东省计算机辅助设计绘图员技能鉴定试题（机械类）

题号：M_cad_mid_01

考试说明：

1. 本试卷共 6 题；

2. 考生在考评员指定的硬盘驱动器下建立一个以自己准考证号码后 8 位命名的考生文件夹；

3. 考生在考评员指定的目录，查找"绘图员考试资源 A"文件，并据考场主考官提供的密码解压到考生已建立的考生文件夹中；

4. 然后依次打开相应的 6 个图形文件，按题目要求在其上作图，**完成后仍然以原来图形文件名保存作图结果，确保文件保存在考生已建立的文件夹中，否则不得分**；

5. 考试时间为 180 分钟。

一、基本设置（8 分）

打开图形文件 A1.dwg，在其中完成下列工作：

1. 按以下规定设置图层及线型，并设定线型比例。绘图时不考虑图线宽度。

图层名称	颜色（颜色号）	线型
01	绿 （3）	实线 Continuous（粗实线用）
02	白 （7）	实线 Continuous（细实线、尺寸标注及文字用）
04	黄 （2）	虚线 ACAD_ISO02W100
05	红 （1）	点划线 ACAD_ISO04W100
07	粉红 （6）	双点划线 ACAD_ISO05W100

2. 按 1∶1 比例设置 A3 图幅（横装）一张，留装订边，画出图框线（纸边界线已画出）。

3. 按国家标准的有关规定设置文字样式，然后画出并填写如图 10-1 所示的标题栏。不标注尺寸。

4. 完成以上各项后，仍然以原文件名保存。

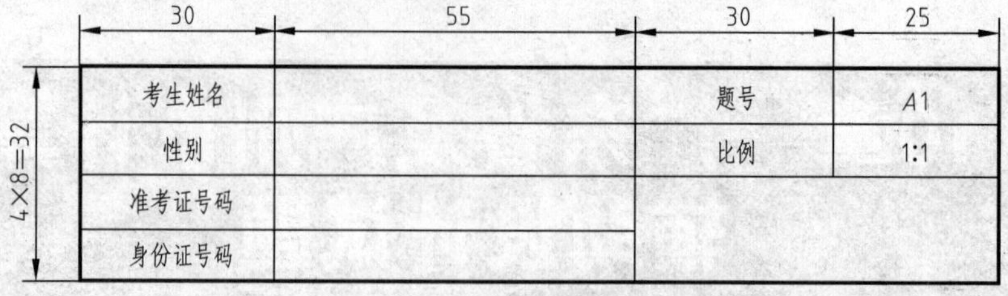

30
55
30
25
4×8=32
考生姓名
题号
A1
性别
比例
1:1
准考证号码
身份证号码

图 10-1 标题栏

二、用 1∶1 比例作出图 10-2，不标注尺寸。（10 分）

ϕ20
R15
R75
70
30
R109
R15
30
ϕ48
ϕ20
68

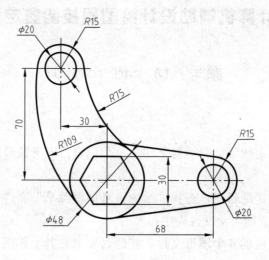

图 10-2 零件图

绘图前先打开图形文件 A2. dwg，该图已作了必要的设置，可直接在其上作图，作图结果以原文件名保存。

三、根据已知立体的 2 个投影作出第 3 个投影（图 10-3）。（10 分）

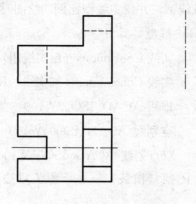

图 10-3 作第 3 个投影

绘图前先打开图形文件 A3. dwg，该图已作了必要的设置，可直接在其上作图，作图结果以原文件名保存。

四、把图 10-4 所示立体的主视图画成半剖视图，左视图画成全剖视图。（10 分）

绘图前先打开图形文件 A4.dwg，该图已作了必要的设置，可直接在其上作图，主视图的右半部分取剖视。作图结果以原文件名保存。

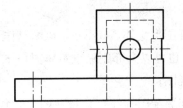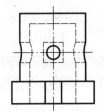

五、画零件图（图 10-5）（50 分）

具体要求：

1. 画 2 个视图。绘图前先打开图形文件 A5.dwg，该图已作了必要的设置；

2. 按国家标准有关规定，设置机械图尺寸标注样式；

3. 标注 A—A 剖视图的尺寸与粗糙度代号（粗糙度代号要使用带属性的块的方法标注）；

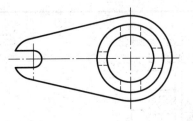

图 10-4　立体的零件图

4. 不画图框及标题栏，不用注写右上角的粗糙度代号及"未注圆角……"等字样；

5. 作图结果以原文件名保存。

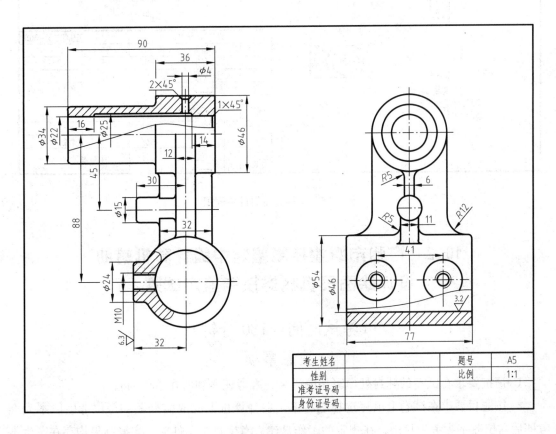

图 10-5　零件图

六、由给出的结构齿轮组件装配图（图10-6）**拆画零件1（心轴）的零件图。**（12分）

具体要求：

1. 绘图前先打开图形文件A6.dwg，该图已作了必要的设置，可直接在该装配图上进行编辑以形成零件图，也可以全部删除重新作图；

2. 选取合适的视图；

3. 标注尺寸。如装配图标注有某尺寸的公差代号，则零件图上该尺寸也要标注上相应的代号。不标注表面粗糙度符号和形位公差符号，也不填写技术要求。

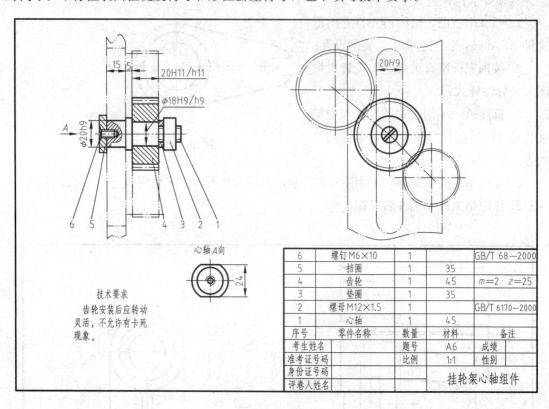

6	螺钉M6×10	1		GB/T 68—2000
5	挡圈	1	35	
4	齿轮	1	45	$m=2$ $z=25$
3	垫圈	1	35	
2	螺母M12×1.5	1		GB/T 6170—2000
1	心轴	1	45	
序号	零件名称	数量	材料	备注

考生姓名		题号	A6	成绩
准考证号码		比例	1:1	性别
身份证号码				
评卷人姓名			挂轮架心轴组件	

图 10-6 结构齿轮组件装配图

10.2 广州市职业技能鉴定中级计算机辅助设计绘图员机械类技能鉴定试题

（考试时间 180 分钟）
注意事项

1. 请按要求在试卷的标封处填写您的姓名、准考证号和所在单位的名称。

2. 按题目要求在试卷上填写选择题答案，在计算机上完成实操题。每位考生以本人准考证后六位数字为考生目录，在规定的工作盘建立考生目录文件夹，实操结果均存在考生本人的专用录内。

3. 不要在试卷上乱写乱画，不要在标封区填写无关内容。

	第一题	第二题	第三题	第四题	第五题	总分
得分						
评分员						

一、绘图系统的基本操作（10 分）

1. 画图纸边界线与图框线

按国家标准规定的 A4 幅面尺寸，不留装订边，竖放，画出图纸边界线及图框线，绘图比例 1∶1。

2. 确定单位

长度单位取十进制，精度取小数点后 3 位；

角度单位取度分秒制，精度取 0d。

3. 设定图层

设置以下图层

层名	颜色	线型	线宽	绘制内容
01	白色（white）	Continuous	0.5	粗实线
02	绿色（green）	Continuous	0.25	细实线
04	黄色（yellow）	ISO02W100	0.25	细虚线
05	红色（red）	ISO04W100	0.25	细点划线
07	品红（magenta）	ISO05W100	0.25	细双点划线
08	绿色（green）	Continuous	0.25	尺寸

4. 画标题栏

按图 10-7 的格式及尺寸在 A4 图幅规定位置画出标题栏，填写标题栏文字及相关内容。

5. 存盘

以 A4 为文件名，把以上所得图幅存储在所建立的考生目录文件内。

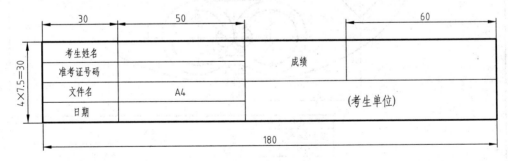

图 10-7　标题栏

二、选择题（共 5 分，每小题 1 分）

1. 在机械图样中，对称的移出断面图如果配置在剖切线或剖切符号延长线上时，正确的标注是（　　）。

A. 标出字母　　　B. 标出剖切符号　　　C. 不必标出字母和剖切符号

2. 尺寸标注中的符号：SR 表示（　　　）。

A. 球半径　　　B. 半径　　　C. 球直径

3. 表示汽车行业标准代号的拼音缩写是（　　　）。

A. GB　　　B. QC　　　C. JB

4. 局部视图是从完整的图形中分离出来的，它与相邻的其他部分假想地断裂，其断裂边界一般用（　　　）绘制。

A. 波浪线或双折线　　　B. 粗实线　　　C. 细实线

5. 在现行螺纹标准中，螺纹标记 G1/2—LH 中的 G 表示（　　　）。

A. 圆柱管螺纹特征代号　　　B. 55°非密封管螺纹特征代号　　　C. 非螺纹密封的管螺纹特征代号

三、按题目要求抄画图 10-8（15 分）

题目要求：

1. 调用原来设置的图层画图，图幅为 A4，绘图比例 1∶1。

2. 不标注尺寸。

3. 以 A403 为文件名把完成的图形存储在考生目录文件夹内。

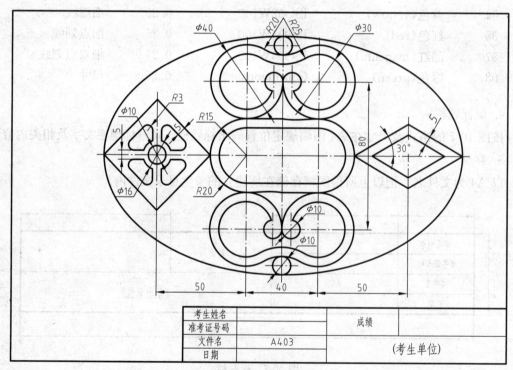

图 10-8　抄画图形

四、按题目要求抄画图 10-9 两面视图并求作第三视图（10 分）

题目要求：

1. 调用原来设置的图层画图，图幅为 A4，绘图比例 1∶1。

2. 不标注尺寸。

3. 以 A404 为文件名把完成的图形存储在考生目录文件夹内。

（注：抄画两面视图 4 分，求作第三视图 6 分）

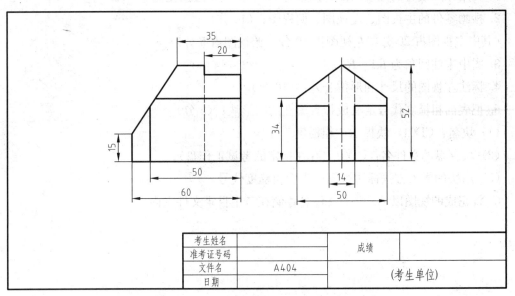

图 10-9　求作第三视图

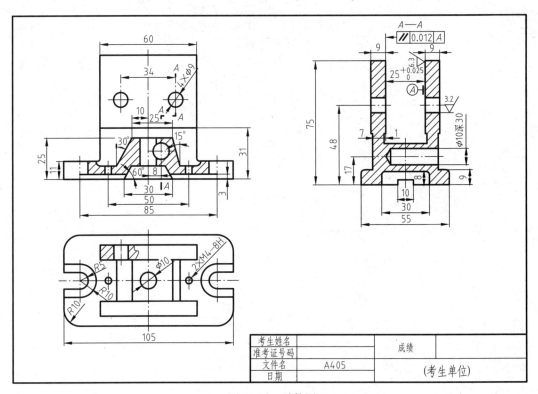

图 10-10　零件图

五、按题目要求抄画图 10-10 视图（60 分）

题目要求：

1. 调用原来设置的图层画图，图幅为 A3，横放，绘图比例 1 : 1。

2. 抄画零件的主视图、左视图、俯视图；（45 分）

（其中主视图占 20 分，左视图占 20 分，俯视图占 5 分）

3. 图中未注圆角为 $R1 \sim R3$；

4. 标注左视图的尺寸和形位公差；（10 分）

5. 把表面粗糙度代号定义成带有属性的图形块；（5 分）

（1）块名：CD01，块提示"粗糙度"；

（2）块存盘的文件名：CD01（存在指定的考试工作盘）；

（3）用块的插入方法标注视图的表面粗糙度代号。

6. 将完成的视图以 A305 为文件名存储在考生目录文件夹内。

模块三

全国计算机信息高新技术考试
（AutoCAD中级机械）

第11章　全国计算机信息高新技术考试(AutoCAD中级机械)考证题型详解

本章在前面章节的基础上，针对全国计算机信息高新技术考试的题型，包括文件操作、简单图形绘制、图形属性、图形编辑、精确绘图、尺寸标注、三维绘图、综合绘图等进行详细分析和讲解。

11.1　文件操作题型解释

【题目】

（1）建立新文件　运行 AutoCAD 软件，建立新模板文件，模板的图形范围是 4200×2900，网格（Grid）点距为 100。

（2）保存　将完成的模板图形以 KSCAD1-3.DWT 为文件名保存在考生文件夹中。

【分析】　本题为熟悉 AutoCAD 软件基本界面及基本操作题，做题前应分析相应菜单命令的位置和设置基本参数的具体操作。本题重点考查考生运行 AutoCAD 软件、格式菜单中图形界限的设置、栅格点距离的设置、保存模板图形文件等命令的使用。要求考生掌握的知识包括：图形界限的设置、栅格点距离的设置、文件的保存等。

【解题步骤】

（1）设置图形界限　启动 AutoCAD 后，点击上方菜单：格式→图形界限，如图 11-1 所示。在下方菜单栏里输入左下角：0，0。右上角：4200，2900，如图 11-2 和图 11-3 所示。

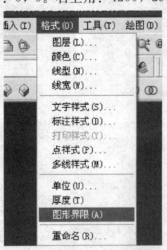

图 11-1　格式菜单图形界限命令

图 11-2　设置图形界限左下角点

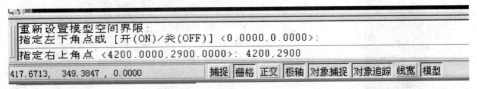

图 11-3　设置图形界限右上角点

（2）设置网格点距　将鼠标光标放在 AutoCAD 软件基本界面下方栅格菜单上，点击鼠标右键，点击"设置"按钮，弹出"草图设置"对话框，勾选对话框右边的"启用栅格"，在栅格设置一栏中，输入"栅格 X 轴间距（N）："100 后，"栅格 Y 轴间距（I）"自动转为 100。点击"确定"按钮，如图 11-4 和图 11-5 所示。

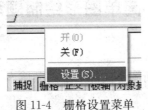

图 11-4　栅格设置菜单

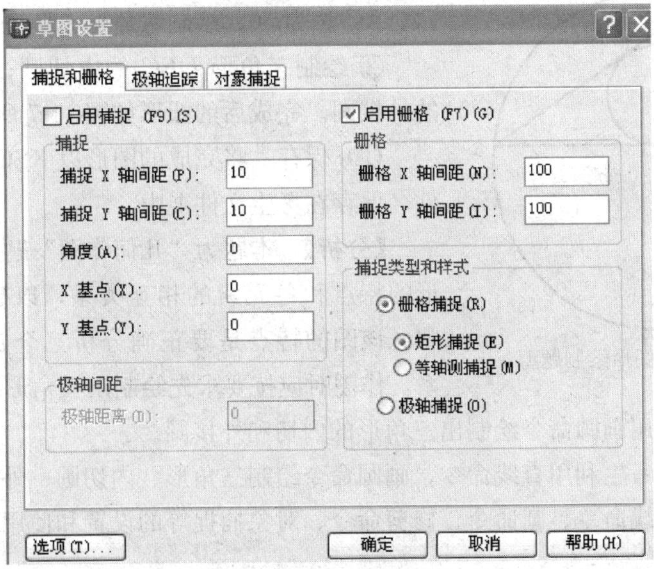

图 11-5　栅格设置对话框

（3）保存文件　点击"文件"→"另存为"命令，设置文件名为 KSCAD1-3.DWT，在文件类型中选择"图形样板＊.dwt"格式，选择文件的保存位置为考生文件夹，单击"保存"按钮，如图 11-6 所示。

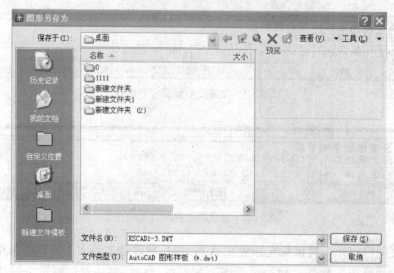

图 11-6   文件保存设置对话框

11.2   简单图形绘制题型解释

【题目】

(1) 建立新图形文件   建立新图形文件，绘图区域为 240×200。

(2) 绘图

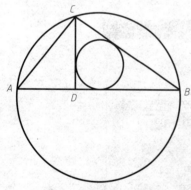

图 11-7   简单图形绘制题型

① 绘制一个三角形，其中：AB 长为 90，BC 长为 70，AC 长为 50；绘制三角形 AB 边的高 CD。

② 绘制三角形 DBC 的内切圆；绘制三角形 ABC 的外接圆。完成后的图形如图 11-7 所示。

(3) 保存   将完成的图形以 KSCAD2-9.DWG 为文件名保存在考生文件夹中。

【分析】   本题为"几何作图"题，绘图前应分析图形的特点和各元素的相互关系，以确定作图方法和步骤。该图的特点是要正确分析三个几何要素的位置关系。作图时应按要求先绘制出三角形并绘制出一条边的垂直线，再综合利用画圆命令绘制出三角形的内切和外接圆。

本题重点考查考生利用直线命令、画圆命令绘制三角形、内切圆、外接圆。要求考生掌握的知识包括：直线命令、圆命令、修剪命令、对象捕捉等的设置和使用。

【解题步骤】

(1) 设置图形界限   绘图区域设置：格式→图形界限→指定左下角点（直接回车）→指定右上角点［输入（240，200）］→回车。

单击栅格。按住鼠标中间滚轮把栅格拖到屏幕中间。

(2) 绘制三角形 ABC，并绘制垂线 CD

步骤一：作水平线 *AB*，点击工具栏图标／，按命令行提示操作如下：

命令：_line 指定第一点：（注：极轴打开，增量角为系统默认的 90°，对象捕捉和对象捕捉追踪打开，在图框内适当位置指定任意点，如图 11-8 所示的 *A* 点）

指定下一点或［放弃（U）］：（注：向右水平移动光标，在下方输入框中输入 90，回车，找到如图 11-8 所示的 *B* 点）

步骤二：找到三角形的 *C* 点，连接 *AC*、*BC* 点，完成三角形 *ABC* 图形。

命令：_circle 指定圆的圆心或［三点（3P）/两点（2P）/相切、相切、半径（T）］：＊取消＊（注：捕捉直线 *A* 点为圆心）

指定圆的半径或［直径（D）］：（注：输入圆的半径"50"，按"回车"键）

命令：_circle 指定圆的圆心或［三点（3P）/两点（2P）/相切、相切、半径（T）］：＊取消＊（注：捕捉直线 *B* 点为圆心）

指定圆的半径或［直径（D）］：（注：输入圆的半径"70"，按"回车"键）

步骤三：打开对象捕捉，连接直线 *AC*、*BC*，完成三角形 *ABC*，并绘制直线 *CD*。完成后如图 11-9 所示。

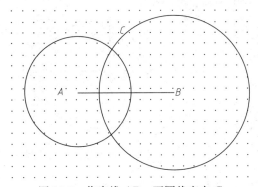

图 11-8　作直线 *AB*，画圆找交点 *C*

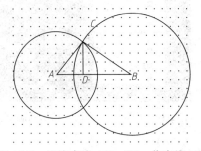

图 11-9　连接直线 *AC*、*BC*，作直线 *CD*

（3）绘制三角形 ABC 的内切圆和外接圆

步骤一：打开"删除"命令。点击工具栏图标，按命令行提示操作如下：

命令条目：命令：_erase

选择对象：（注：选择图 11-9 中的两个辅助圆，删除）

步骤二：点击⊙，按命令行提示操作如下：

命令：_circle 指定圆的圆心或［三点（3P）/两点（2P）/相切、相切、半径（T）］：

命令：_circle 指定圆的圆心或［三点（3P）/两点（2P）/相切、相切、半径（T）］：3p（注：按照提示用三点画圆的方法绘制外接圆）

指定圆上的第一个点：选择 *A* 点

指定圆上的第二个点：选择 *B* 点

指定圆上的第三个点：选择 *C* 点

完成外接圆。

步骤三：点击菜单绘图→圆→相切、相切、相切（A），如图 11-10 所示。按命令行提示操作如下：

命令：_circle 指定圆的圆心或 [三点（3P）/两点（2P）/相切、相切、半径（T）]：_3p

指定圆上的第一个点：_tan 到（注：按照提示选择三角形 CBD 上任意一条边的切点）

指定圆上的第二个点：_tan 到（注：按照提示选择三角形 CBD 上第二条边的切点）

指定圆上的第三个点：_tan 到（注：按照提示选择三角形 CBD 上第三条边的切点）

完成后的图形如图 11-11 所示。

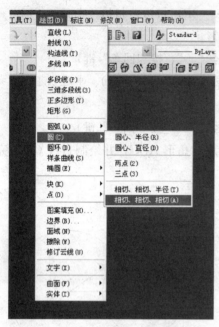

图 11-10　用相切、相切、相切的画圆菜单
　　　　　命令绘制三角形的内切圆

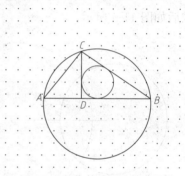

图 11-11　作外接圆和内切圆

（4）检查并保存文件　点击"文件"→"另存为"命令，设置文件名为 KSCAD2-9.DWG，选择文件的保存位置为考生文件夹，单击"保存"按钮。

11.3　图形属性题型解释

【题目】

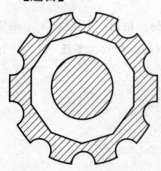

图 11-12　图形属性题型

（1）打开图形文件　打开图形文件 C：\2003CADST\Unit3\CADST3-1.DWG。

（2）属性操作

① 建立新图层，图层名为 HATCH，颜色为红色，线型默认。

② 在新层中填充剖面线，线颜色为白色，剖面线比例合适。完成后的图形如图 11-12 所示。

（3）保存　将完成的图形以 KSCAD3-1.DWG 为文件名

保存在考生文件夹中。

【分析】　本题为"图形填充"题，要求考生掌握的知识包括：图层的设置、图形填充及相关参数的设置。

【解题步骤】

（1）打开 C：\2003CADST\Unit3\CADST3-1.DWG 文件，选择下拉菜单中"文件→另存为（A）..."，打开"图形另存为"对话框，以"KSCAD3-1.DWG"为文件名保存在指定的考生文件夹，点击"保存"按钮。

（2）建立新图层。

步骤一：点击工具图标 ≋，打开图层特性管理器，如图 11-13 所示。点击"新建"图层按钮。

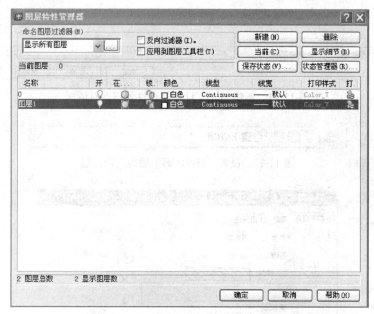

图 11-13　"图层特性管理器"对话框

步骤二：将新弹出来的原图层名"图层 1"编辑为"HATCH"，将图层原颜色"白色"编辑为红色，线型默认。修改后如图 11-14 所示。

（3）填充图形。

步骤一：在工具栏中将新建的"HATCH"图层设置为当前层，如图 11-15 所示。

步骤二：点击工具图标▨，打开"边界图案填充"对话框，如图 11-16 所示。

步骤三：编辑"边界图案填充"的相关内容。

① 点击"边界图案填充"中的"拾取点"图标 拾取点（K），返回 AutoCAD 软件建模界面，在需要填充的图形边界内部点击光标，以确定需要填充的范围。选取好填充范围后，点击鼠标右键或者直接按"回车"键返回"边界图案填充"对话框，编辑其他内容。

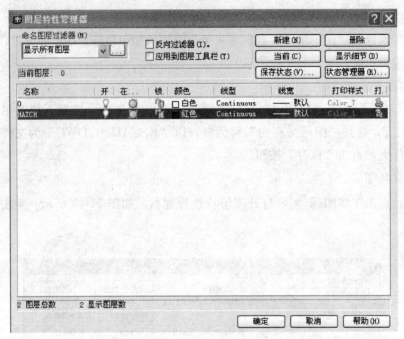

图 11-14　新建 HATCH 图层特性管理器对话框

图 11-15　设置 "HATCH" 层为当前图层

图 11-16　 "边界图案填充" 对话框

② 点击 "边界图案填充" 中的 按钮，打开 "填充图案选项板"，选择

需要的填充图案。

③ 点击 "边界图案填充" 中比例修改器，将比例数字改为 6，点击

"确定"按钮，完成图形填充。

（4）检查图形，将图形文件存盘并退出。

11.4　图形编辑题型解释

【题目】

（1）打开图形文件：打开图形文件 C：\2003CADST\Unit3\CADST4-3.DWG。

（2）编辑图形

① 将打开的图形编辑成一个对称封闭图形。

② 将封闭图形向内偏移 15 个单位；调整线宽，线宽为 5 个单位。完成后的图形如图 11-17 所示。

（3）保存　将完成的图形以 KSCAD4-3.DWG 为文件名保存在考生文件夹中。

【分析】　本题为"几何编辑"题，绘图编辑前应分析图形的特点和各元素的相互关系，以确定作图方法和步骤。该图是一个封闭对称图形，各线型的宽度有要求，编辑图形时需先将图形封闭连接，并编辑好线型的宽度，再利用偏移命令完成内部图形的编辑。重点考查

图 11-17　图形编辑题型

考生多段线编辑命令和偏移命令的使用。要求考生掌握的知识包括：修改多段线命令、偏移命令、对象捕捉命令、镜像命令等的使用。

【解题步骤】

（1）打开 C：\2003CADST\Unit3\CADST4-3.DWG 文件，选择下拉菜单中"文件→另存为（A）..."，打开"图形另存为"对话框，以"KSCAD4-3.DWG"为文件名保存在指定的考生文件夹，点击"保存"按钮。

（2）将图形编辑成对称封闭图形。点击工具栏图标 ⚏，按命令行提示操作如下：

命令：_mirror

选择对象：指定对角点：找到 9 个（注：用鼠标框选打开图形中的所有对象，按"回车"键或鼠标右键确定）

选择对象：

指定镜像线的第一点：（注：打开对象捕捉端点功能，用光标捕捉到图形中的 A 点）

指定镜像线的第二点：（注：打开对象捕捉端点功能，用光标捕捉到图形中的 B 点，如图 11-18 所示）

是否删除源对象？［是（Y）/否（N）］＜N＞：（注：选择命令栏中不要删除源文件选项，系统默认为"否"，直接按"回车"键即可，完成封闭图形编辑，如图 11-19 所示）

（3）将已有图像编辑成多段线。

点击"修改—对象—多段线"，打开修改多段线命令，如图 11-20 所示。按命令行提示操作如下：

命令：_pedit 选择多段线或［多条（M）］：m（注：在命令栏输入 m，表示选择多条图形对象编辑成多段线，用鼠标框选的方式，选中所有的几何图形对象，按"回车"键）

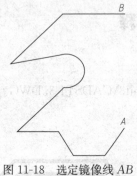

图 11-18　选定镜像线 *AB*

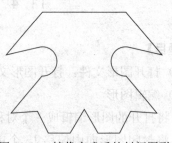

图 11-19　镜像完成后的封闭图形

选择对象：指定对角点：找到 18 个

是否将直线和圆弧转换为多段线？［是（Y）/否（N）］？＜Y＞（注：直接按"回车"键，选择将所选对象转换为多段）

［闭合（C）/打开（O）/合并（J）/宽度（W）/拟合（F）/样条曲线（S）/非曲线化（D）/线型生成（L）/放弃（U）］：j（注：在随后的命令栏中，输入字母"j"，选择将所有线段合并）

合并类型 = 延伸

输入模糊距离或［合并类型（J）］＜0.0000＞：（注：选择默认的合并距离为 0，直接按"回车"键）

多段线已增加 17 条线段

［闭合（C）/打开（O）/合并（J）/宽度（W）/拟合（F）/样条曲线（S）/非曲线化（D）/线型生成（L）/放弃（U）］：w（注：输入字母"w"，编辑多段线线型宽度）

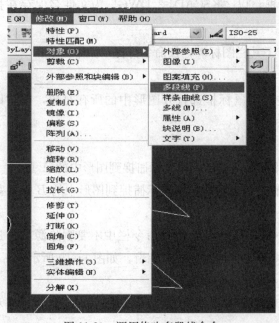

图 11-20　调用修改多段线命令

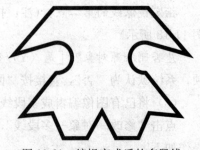

图 11-21　编辑完成后的多段线

指定所有线段的新宽度：5（注：指定线型的宽度值为"5"个单位）

直接按"回车"或者点击鼠标右键退出多段线编辑状态，完成后图形如图 11-21 所示。

（4）将已有图像偏移，得到题目要求的图形。

点击编辑命令图标 ，进入偏移命令编辑状态，按命令行提示操作如下：

命令：_ offset

指定偏移距离或［通过（T）］＜通过＞：15（注：输入数字"15"，指定偏移距离为 15 个单位）

选择要偏移的对象或＜退出＞：（注：选择软件界面刚编辑好的多段线图形）

指定点以确定偏移所在一侧：（注：在图形内部的任一位置点击确认偏移所在侧）

完成后按"回车"键或鼠标右键退出。完成后的图形如图 11-17 所示。

（5）检查图形，将图形文件存盘并退出。

11.5 精确绘图题型解释

【题目】

（1）建立绘图区域 建立合适的绘图区域，图形必须在设置的绘图区内。

（2）绘图 按图 11-22 规定的尺寸绘图，中心线线型为 acad _ iso10w100，调整线型比例。

（3）保存 将完成的图形以 KSCAD5-2. DWG 为文件名保存在考生文件夹中。

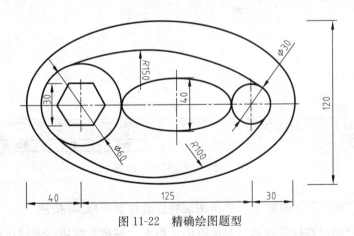

图 11-22 精确绘图题型

【分析】 本题为"几何作图"题，绘图前应设置合适的绘图区域、按照线型设置合适的中心线图层，然后分析图形的特点和各元素的相互关系，以确定作图方法和步骤。该图各个元素间的尺寸关系主要是并列式的，所以可以按照从左向右的顺序作图。重点考察考生圆、椭圆等命令的应用。要求考生掌握的知识包括：设置绘图区域、图层、圆命令、椭圆命令、多边形命令、修剪命令、对象捕捉的设置等。

【解题步骤】

（1）运行 AutoCAD 软件，选择下拉菜单中"文件→保存（S）"，打开"图形另存为"

对话框，以"KSCAD5-2"为文件名保存在指定的工作盘，点击"保存"按钮。

（2）设置绘图区域。选择下拉菜单"格式→图形界限"，按命令行提示操作如下：

命令：_limits

重新设置模型空间界限：

指定左下角点或［开（on）/关（off）］＜0.000，0.000＞：（注：输入要绘制图纸区域左下角点坐标0，0，按"回车"键）

指定右上角点＜420.000，297.000＞：（注：输入要绘制图纸区域右上角点值为250，200，按"回车"键）

在"视图"菜单上选择"缩放→全部（A）"选项，AutoCAD将显示由新的图形界限覆盖的区域。

（3）设置"中心线"图层，将线型改为acad_iso10w100，如图11-23所示。

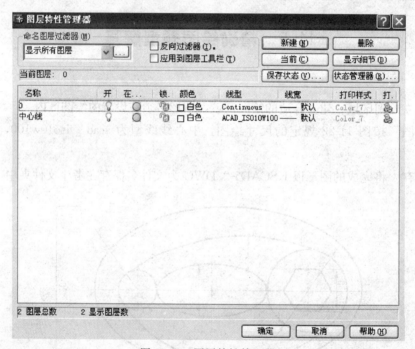

图 11-23　图层特性管理器

步骤一：在"图层"工具栏上，单击图层特性管理器图标 ≋ 按钮。

步骤二：在"图层特性管理器"对话框中，单击"新建"按钮。图层列表显示名为"图层1"，将名称改为"中心线"。

步骤三：在线型选项中双击当前线型，打开"选择线型"对话框，在对话框中点击"加载…"按钮，打开"加载或重载线型"对话框，在此对话框中找到 ACAD_ISO10W100，点击"确定"按钮，回到"选择线型"对话框，选中 ACAD_ISO10W100，点击"确定"按钮。所选的线型特性被设定到"中心线"图层上。

步骤四：点击"图层特性管理器"中的"确定"按钮，即可完成。

（4）作中心线、圆和六边形，如图11-24所示。

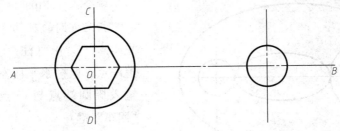

图 11-24　作中心线、圆和六边形

步骤一：作中心线。选择"中心线"图层为当前图层，点击工具栏图标 ，按命令行提示操作如下：

命令：_line 指定第一点：（注：极轴打开，增量角为系统默认的 90°，对象捕捉和对象捕捉追踪打开，在栅格内适当位置指定任意点，如图 11-24 所示的 A 点）

指定下一点或 [放弃（U）]：（注：向右水平移动光标，指定任意点，如图 11-24 所示的 B 点）

作出水平线 AB 后，用同样方法作出垂直线 CD。

点击工具栏图标 ，按命令行提示操作如下：

命令：_offset

指定偏移距离或 [通过（T）] <通过>：（注：输入偏移距离 125，按"回车"键）

选择要偏移的对象或<退出>：（注：选择直线 AB）

指定点以确定偏移所在的一侧：（注：在 AB 线右侧单击）

选择要偏移的对象或<退出>：（注：回车，结束操作）

步骤二：绘制 φ60、φ30 圆。选择"0"图层为当前图层，点击工具栏图标 ，按命令行提示操作如下：

_circle 指定圆的圆心或 [三点（3P）/两点（2P）/相切、相切、半径（T）]：（注：捕捉直线 AB 和 CD 的交点 O，点击鼠标左键）

指定圆的半径或 [直径（D）]：（注：输入圆的半径"30"，按"回车"键）

作出直径为 φ60 的圆后，用同样方法作出直径为 φ30 的圆。

步骤三：绘制六边形。点击工具栏图标 ，按命令行提示操作如下：

命令：_polygon 输入边的数目<4>：（注：输入六边形的边数 6，按"回车"键）

指定正多边形的中心点或 [边（E）]：（注：捕捉直线 AB 和 CD 的交点 O，点击鼠标左键）

输入选项 [内接于圆（I）/外切于圆（C）] <I>：（注：输入 C，按"回车"键）

指定圆的半径：（注：输入 15，按"回车"键）

作出多边形。

（5）作大小两个椭圆，如图 11-25 所示。

步骤一：绘制大椭圆。点击工具栏图标 ，按命令行提示操作如下：

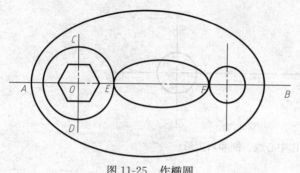

图 11-25　作椭圆

命令：_ellipse

指定椭圆的轴端点或［圆弧（A）/中心点（C）］：（注：以 O 点作为临时追踪点，鼠标水平向左移动任意距离，输入椭圆端点与 O 点的距离 40，按"回车"键）

指定轴的另一个端点：（注：鼠标水平向右移动任意距离，输入椭圆长轴总长度 195，按"回车"键）

指定另一条半轴长度或［旋转（R）］：（注：输入椭圆短轴距离的一半 60，按"回车"键）

步骤二：绘制小椭圆。点击工具栏图标 ⬭，按命令行提示操作如下：

命令：_ellipse

指定椭圆的轴端点或［圆弧（A）/中心点（C）］：（注：捕捉交点 E 点，点击鼠标左键）

指定轴的另一个端点：（注：捕捉交点 F 点，点击鼠标左键）

指定另一条半轴长度或［旋转（R）］：（注：输入椭圆短轴距离的一半 20，按"回车"键）

（6）作 R150 和 R100 圆弧，如图 11-26 所示。

步骤一：作 R150 圆。选择下拉菜单中"绘图→圆→相切、相切、半径（T）"，按命令行提示操作如下：

命令：_circle 指定圆的圆心或［三点（3P）/两点（2P）/相切、相切、半径（T）］：（注：输入 T，按"回车"键）

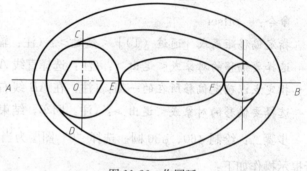

图 11-26　作圆弧

指定对象与圆的第一个切点：（注：鼠标左键单击 φ60 圆）

指定对象与圆的第二个切点：（注：鼠标左键单击 φ30 圆）

指定圆的半径 <15.0000>：（注：输入圆的半径 150，按"回车"键）

步骤二：修剪 R150 圆。点击工具栏图标 ⊬，按命令行提示操作如下：

命令：_trim

当前设置：投影 ＝ 当前值，边 ＝ 当前值

选择剪切边 …

选择对象或<全部选择>：（注：直接按"回车"键）

选择要修剪的对象，或按住 Shift 键选择要延伸的对象，或［投影（P）/边（E）/放弃（U）］：（注：选择超出 φ60 和 φ30 部分的圆，按"回车"键）

步骤三：删除剪切后的圆弧。

作出半径为 R150 的圆弧后，用同样方法作出半径为 R100 的圆弧。

（7）修整图形。

步骤一：修剪中心线。点击工具栏图标 ⟋⟍，按命令行提示操作如下：

命令条目：trim

当前设置：投影 ＝ 当前值，边 ＝ 当前值

选择剪切边 …

选择对象或＜全部选择＞：（注：直接按"回车"键）

选择要修剪的对象，或按住 Shift 键选择要延伸的对象，或［投影（P）/边（E）/放弃（U）］：（注：选择两中心线的两端，按"回车"键，修剪了中心线）

步骤二：拉长中心线，中心线向两端分别伸长 4mm。选择下拉菜单中"修改（M）→拉长（G）"，按命令行提示操作如下：

命令：_ lengthen

选择对象或［增量（DE）/百分数（P）/全部（T）/动态（DY）］：（注：输入"DE"，按"回车"键）

输入长度增量或［角度（A）］＜0.0000＞：（注：输入"4"，按"回车"键）

选择要修改的对象或［放弃（U）］：（注：分别选择两中心线的两端，按"回车"键）

（8）检查图形，将图形文件存盘并退出。

11.6　尺寸标注题型解释

【题目】　打开图形文件 C：\2003CADST\Unit6\CADST6-2.DWG，按图 11-27 所示要求标注尺寸与文字，要求文字样式、文字大小、尺寸样式等设置合理恰当。

（1）建立尺寸标注图层　建立尺寸标注图层，图层名自定。

（2）设置尺寸标注样式　设置尺寸标注样式，要求尺寸标注各参数设置合理。

（3）标注尺寸　按图 11-27 所示的尺寸要求标注尺寸。

（4）修饰尺寸　修饰尺寸相关参数、调整文字大小，使之符合制图规范要求。

（5）保存　将完成的图形以 KSCAD6-2.DWG 为文件名保存在考生文件夹中。

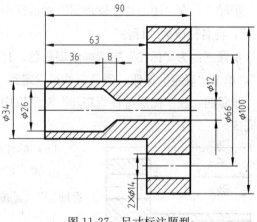

图 11-27　尺寸标注题型

【分析】　本题为"尺寸标注"题，标注前应设置合适的标注图层，分析题中已有的标注样式，然后对比题目中的标注修改相关参数。该题目共有三种标注样式，分别为线性标注、直径标注和有特殊说明的直径标注，所以在标注时可以采用分类标注的方法。要求考生掌握的知识包括：图层、标注样式管理器、线性标注等。

【解题步骤】

（1）打开图形文件 C：\2003CADST\Unit6\CADST6-2.DWG，选择下拉菜单中"文件→另存为（A）…"，打开"图形另存为"对话框，以"KSCAD6-2"为文件名保存在指定的工作盘，点击"保存"按钮。

（2）设置"标注"图层，将标注图层设为当前图层，如图 11-28 所示。

图 11-28　设置"标注"图层

步骤一：在"图层"工具栏上，单击"图层特性管理器"图标 ▓ 按钮。

步骤二：在"图层特性管理器"对话框中，单击"新建"按钮。图层列表显示名为"图层 1"，将名称改为"标注"。

步骤三：为"标注"层选择线型颜色，打开"选择颜色"对话框，选择线型颜色为"绿色"，单击"确定"按钮，颜色特性被设定到"标注"图层上。

步骤四：在"图层特性管理器"对话框中，单击"当前"按钮，单击"确定"按钮，即可完成。

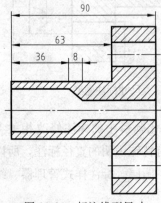

图 11-29　标注线型尺寸

（3）标注线型尺寸 36、8、63 和 90，如图 11-29 所示。

步骤一：在"样式"工具栏上，单击工具栏"标注样式管理器" ▟ 按钮。

步骤二：在"标注样式管理器"对话框中，鼠标左键选中"DIM-2"，单击"置为当前"按钮。

步骤三：单击"关闭"按钮，退出"标注样式管理器"。

步骤四：标注长度为 36 的尺寸。选择下拉菜单中"标注→线性"，按命令行提示操作如下：

命令：_ dimlinear

指定第一条尺寸界线原点或 ＜选择对象＞：（注：在绘图窗口中鼠标左键点击长度为 36 线段的左端点）

指定第二条尺寸界线原点：（注：在绘图窗口中鼠标左键点击长度为 36 线段的右端点）

指定尺寸线位置或 ［多行文字（M）/文字（T）/角度（A）/水平（H）/垂直（V）/旋转（R）］：（注：鼠标向上移动到合适位置，单击鼠标左键）

步骤五：调整尺寸界限位置。

用同样的方法标注长度为 8、63、和 90 的尺寸。

（4）标注直径 φ26、φ34、φ12、φ66 和 φ100，如图 11-30 所示。

步骤一：在"样式"工具栏上，单击工具栏"标注样式管理器"　按钮。

步骤二：在"标注样式管理器"对话框中，鼠标左键选中"ISO-25"，单击"置为当前"按钮。

步骤三：单击"关闭"按钮，退出"标注样式管理器"。

步骤四：标注直径为 φ26 的尺寸。选择下拉菜单中"标注→线性"，按命令行提示操作如下：

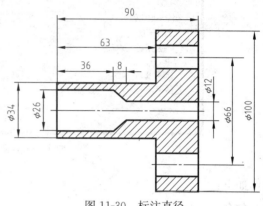

图 11-30　标注直径

命令：_ dimlinear

指定第一条尺寸界线原点或 ＜选择对象＞：（注：在绘图窗口中鼠标左键点击长度为 φ26 线段的上端点）

指定第二条尺寸界线原点：（注：在绘图窗口中鼠标左键点击长度为 φ26 线段的下端点）

指定尺寸线位置或 ［多行文字（M）/文字（T）/角度（A）/水平（H）/垂直（V）/旋转（R）］：（注：鼠标向左移动到合适位置，单击鼠标左键）

用同样的方法标注直径为 φ34、φ12、φ66 和 φ100 的尺寸。

（5）标注直径 2×φ14，如图 11-27 所示。

步骤一：在"样式"工具栏上，单击工具栏"标注样式管理器"　按钮。

步骤二：在"标注样式管理器"对话框中，鼠标左键选中"DIM-1"，单击"置为当前"按钮。

步骤三：在"标注样式管理器"对话框中，单击"修改"按钮，打开"修改标注样式：DIM-1"对话框。

步骤四：在"修改标注样式：DIM-1"对话框中选择"主单位"选项卡，将"前缀（X）"的内容由原来的 3X％％C 改为 2X％％C，如图 11-31 所示。

步骤五：单击"确定"按钮，回到"标注样式管理器"对话框。

步骤六：单击"关闭"按钮，退出"标注样式管理器"。

步骤七：标注特殊说明的直径 2×φ14。选择下拉菜单中"标注→线性"，按命令行提示

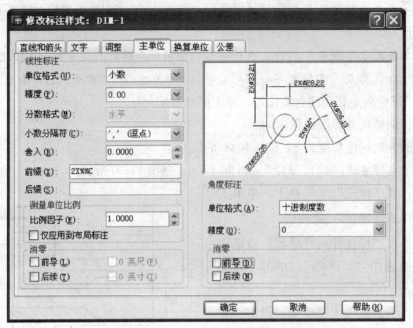

图 11-31   修改标注样式

操作如下：

命令：_dimlinear

指定第一条尺寸界线原点或 ＜选择对象＞：（注：在绘图窗口中鼠标左键点击长度为 2×ϕ14 线段的上端点）

指定第二条尺寸界线原点：（注：在绘图窗口中鼠标左键点击长度为 2×ϕ14 线段的下端点）

指定尺寸线位置或 ［多行文字（M）/文字（T）/角度（A）/水平（H）/垂直（V）/旋转（R）］：（注：鼠标向左移动到合适位置，单击鼠标左键）

（6）检查尺寸标注，将图形文件存盘并退出。

11.7   三维绘图题型解释

【题目】

（1）建立新文件   建立新图形文件，图形区域等考生自行设置。

（2）建立三维视图   按图 11-32 所示给出的尺寸绘制三维图形。

（3）保存   将完成的图形以 KSCAD7-1. DWG 为文件名保存在考生文件夹中。

【分析】 本题为"三维绘图"题，绘图前应设置绘图区域和视口，然后分析图形的特点和各元素的相互关系，以确定作图方法和步骤。该图属于叠加式组合体，可以拆分为矩形底板，梯形竖板和三角形加强筋三个部分，作图时分别在能够反映三部分实形的视口作图，再采用拉伸命令和布尔运算得到实体。要求考生掌握的知识包括：设置绘图区域和视口、矩形命令、圆命令、直线命令、圆角命令、面域命令、拉伸命令、布尔运算等。

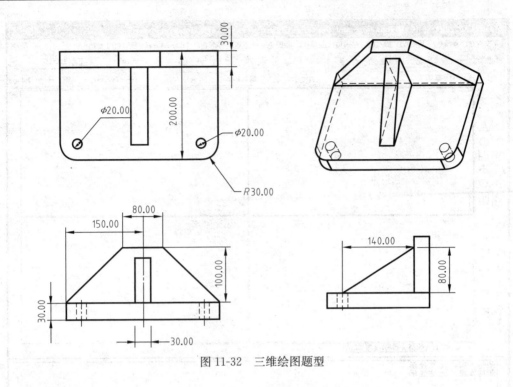

图 11-32　三维绘图题型

【解题步骤】

（1）运行 AutoCAD 软件，选择下拉菜单中"文件→保存（S）"，打开"图形另存为"对话框，以"KSCAD7-1"为文件名保存在指定的工作盘，点击"保存"按钮。

（2）设置绘图区域。选择下拉菜单"格式→图形界限"，按命令行提示操作如下：

命令：_limits

重新设置模型空间界限：

　　指定左下角点或［开（on）/关（off）］＜0.000，0.000＞：（注：输入要绘制图纸区域左下角点坐标 0，0，按"回车"键）

　　指定右上角点＜420.000，297.000＞：（注：输入要绘制图纸区域右上角点值为 400，300，按"回车"键）

　　在"视图"菜单上选择"缩放→全部（A）"选项，AutoCAD 将显示由新的图形界限覆盖的区域。

（3）设置视口。在"视图"菜单上选择"视口→四个视口（4）"选项，将 AutoCAD 绘图区域变为四个视口，打开视图工具栏，单击"俯视图" 按钮，将左上角视图切换成俯视图，单击"东南等轴测" 按钮，将右上角视图切换成东南等轴测，单击"主视图" 按钮，将左下角视图切换成主视图，单击"右视图" 按钮，将右下角视图切换成右视图，如图 11-33 所示。

（4）绘制矩形底板，如图 11-34 所示。

步骤一：绘制 300×200 矩形。单击工具栏图标 ，按命令行提示操作如下：

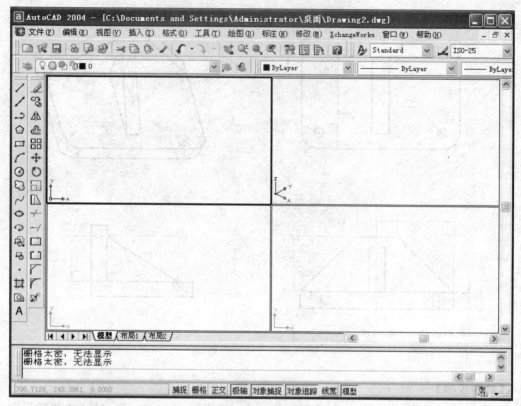

图 11-33　设置视口

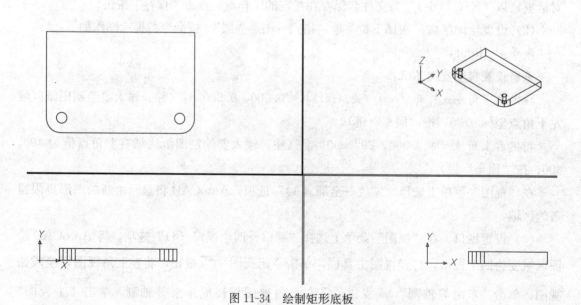

图 11-34　绘制矩形底板

命令：_ rectang

指定第一个角点或［倒角（C）/标高（E）/圆角（F）/厚度（T）/宽度（W）］：（注：在俯视图视口任意位置点击鼠标左键）

指定另一个角点或［尺寸（D）］：（注：输入"@300，200"，按"回车"键）

步骤二：绘制 $R30$ 圆角。单击工具栏图标 ，按命令行提示操作如下：

命令：_ fillet

当前设置：模式 = 修剪，半径 = 0.0000

选择第一个对象或 [多段线（P）/半径（R）/修剪（T）/多个（U）]：（注：输入 R，按"回车"键）

指定圆角半径 <0.0000>：（注：输入圆角的半径"30"，按"回车"键）

选择第一个对象或 [多段线（P）/半径（R）/修剪（T）/多个（U）]：（注：选择矩形的左边）

选择第二个对象：（注：选择矩形的下边）

即可完成左下角的倒角，同理完成右下角的倒角。

步骤三：绘制 $\phi20$ 圆。点击工具栏图标 ，按命令行提示操作如下：

_ circle 指定圆的圆心或 [三点（3P）/两点（2P）/相切、相切、半径（T）]：（注：捕捉圆角 $R30$ 的圆心，点击鼠标左键）

指定圆的半径或 [直径（D）]：（注：输入圆的半径"10"，按"回车"键）

步骤四：拉伸圆角矩形和圆。选择下拉菜单中"绘图→实体→拉伸（X）"，按命令行提示操作如下：

命令：_ extrude　　当前线框密度：　　ISOLINES＝4

选择对象：（注：鼠标左键点击圆角矩形和两个 $\phi20$ 圆，按"回车"键）

指定拉伸高度或 [路径（P）]：（注：输入底板的高度 30，按"回车"键）

指定拉伸的倾斜角度 <0>：（注：按"回车"键）

步骤五：挖去 $\phi20$ 圆柱孔。选择下拉菜单中"修改→实体编辑→差集（S）"，按命令行提示操作如下：

命令：_ subtract 选择要从中减去的实体或面域 …

选择对象：（注：鼠标左键点击圆角长方体，按"回车"键）

选择要减去的实体或面域 …

选择对象：（注：鼠标左键点击两个 $\phi20$ 圆柱，按"回车"键）

(5) 绘制梯形竖板，如图 11-35 所示。

步骤一：绘制一半梯形。点击工具栏图标 ，按命令行提示操作如下：

命令：_ line 指定第一点：（注：极轴打开，增量角为系统默认的 $90°$，对象捕捉和对象捕捉追踪打开，在主视图视口任意位置点击鼠标左键）

指定下一点或 [放弃（U）]：（注：向右水平移动光标，输入 150，按"回车"键）

指定下一点或 [放弃（U）]：（注：向上垂直移动光标，输入 100，按"回车"键）

指定下一点或 [闭合（C）/放弃（U）]：（注：向左水平移动光标，输入 40，按"回车"键）

指定下一点或 [闭合（C）/放弃（U）]：（注：输入 C，按"回车"键）

步骤二：镜像得到完整矩形。点击工具栏图标 ，按命令行提示操作如下：

命令：_ mirror

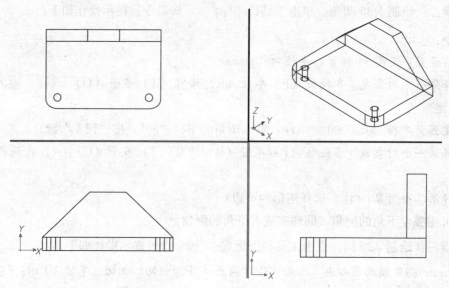

图 11-35　绘制梯形竖板

选择对象：（注：鼠标框选步骤一画出的一半梯形，按"回车"键）

指定镜像线的第一点：（注：鼠标左键点击垂直线的最高点）

指定镜像线的第二点：（注：鼠标左键点击垂直线的最低点）

是否删除源对象？［是（Y)/否（N)］＜N＞：（注：按"回车"键）

步骤三：删除垂直辅助线。点击工具栏图标 ✐ ，按命令行提示操作如下：

命令：_ erase

选择对象：（注：鼠标左键点击垂直线，按"回车"键）

步骤四：将梯形变成一个封闭的面域。点击工具栏图标 ▣ ，按命令行提示操作如下：

命令：_ region

选择对象：（注：鼠标框选梯形，按"回车"键）

步骤五：拉伸梯形。选择下拉菜单中"绘图→实体→拉伸（X)"，按命令行提示操作如下：

命令：_ extrude　　当前线框密度：　　ISOLINES＝4

选择对象：（注：鼠标左键点击梯形，按"回车"键）

指定拉伸高度或［路径（P)］：（注：输入梯形的厚度30，按"回车"键）

指定拉伸的倾斜角度＜0＞：（注：按"回车"键）

步骤六：移动拉伸后的梯形至合适位置。点击工具栏图标 ✛ ，按命令行提示操作如下：

命令：_ move

选择对象：（注：鼠标左键点击拉伸后梯形，按"回车"键）

指定基点或位移：（注：鼠标左键点击拉伸后梯形底边中点）

指定位移的第二点或 ＜用第一点作位移＞：（注：鼠标左键点击拉伸后长方体顶边中点）

（6）绘制三棱柱加强筋，如图 11-36 所示。

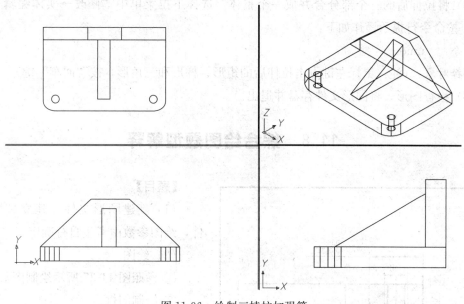

图 11-36　绘制三棱柱加强筋

步骤一：绘制三角形。点击工具栏图标 ✏，按命令行提示操作如下：

命令：_line 指定第一点：（注：极轴打开，增量角为系统默认的 90°，对象捕捉和对象捕捉追踪打开，在右视图视口任意位置点击鼠标左键）

指定下一点或［放弃（U）］：（注：向右水平移动光标，输入 140，按"回车"键）

指定下一点或［放弃（U）］：（注：向上垂直移动光标，输入 80，按"回车"键）

指定下一点或［闭合（C）/放弃（U）］：（注：输入 C，按"回车"键）

步骤二：将三角形变成一个封闭的面域。点击工具栏图标 ◎，按命令行提示操作如下：

命令：_region

选择对象：（注：鼠标框选三角形，按"回车"键）

步骤三：拉伸三角形。选择下拉菜单中"绘图→实体→拉伸（X）"，按命令行提示操作如下：

命令：_extrude　　当前线框密度：　ISOLINES=4

选择对象：（注：鼠标左键点击三角形，按"回车"键）

指定拉伸高度或［路径（P）］：（注：输入三角形的厚度 30，按"回车"键）

指定拉伸的倾斜角度<0>：（注：按"回车"键）

步骤四：移动拉伸后的三角形至合适位置。点击工具栏图标 ✛，按命令行提示操作如下：

命令：_move

选择对象：（注：鼠标左键点击拉伸后三角形，按"回车"键）

指定基点或位移：（注：鼠标左键点击拉伸后三角形底边中点）

指定位移的第二点或 ＜用第一点作位移＞：（注：鼠标左键点击拉伸后梯形底边中点）

（7）将拉伸后的三个部分合并成一个整体。选择下拉菜单中"修改→实体编辑→并集（U）"，按命令行提示操作如下：

命令：_ union

选择对象：（注：鼠标左键点击拉伸后的矩形、梯形和三角形，按"回车"键）

（8）检查图形，将图形文件存盘并退出。

11.8 综合绘图题型解释

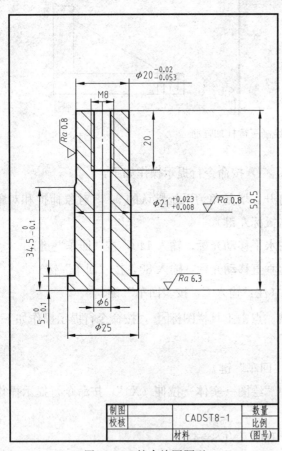

图 11-37 综合绘图题型

【题目】

（1）新建图形文件 建立新图形文件，绘图参数由考生自行确定。

（2）绘图

① 参照图 11-37 所示绘制图形。

② 绘制图框。

③ 要求图形层次清晰、图形布置合理。

④ 图形中文字、标注、图框等符合国家标准。

（3）保存 将完成的图形以 KSCAD8-1.DWG 为文件名保存在考生文件夹中。

【分析】 本题为综合类题目，绘图前应按照国家标准设定相关参数，绘制图框和标题栏。此图为左右对称图形，因此可以绘制左半部分，然后使用编辑命令中的"镜像"命令，完成视图的绘制，最后对图纸进行尺寸标注。要求考生掌握的知识包括：设置绘图参数、直线、镜像、图案填充、尺寸标注、块的创建和插入。

【解题步骤】

（1）运行 AutoCAD 软件，选择下拉菜单中"文件→保存（S）"，打开"图形另存为"对话框，以"KSCAD8-1"为文件名保存在指定的工作盘，点击"保存"按钮。

（2）绘制图框和标题栏

步骤一：设置绘图所需图层。在"图层"工具栏上，单击图层特性管理器图标 按钮，设置图层如图 11-38 所示。

步骤二：设置文字样式。在"样式"工具栏上，单击文字样式管理器图标 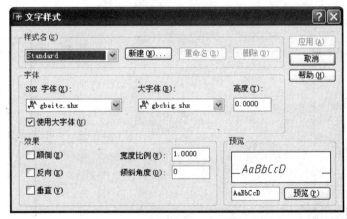 按钮，设置文字如图 11-39 所示。

图 11-38　设置图层

图 11-39　设置文字样式

步骤三：绘制图框。按国家标准规定的 A4 幅面尺寸，竖放，不留装订边。

步骤四：绘制标题栏，如图 11-40 所示。

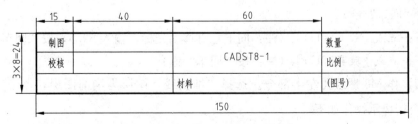

图 11-40　绘制标题栏

（3）按照图形尺寸 1：1 绘制图形。

步骤一：作中心线。选择"中心线"图层为当前图层，点击工具栏图标╱，按命令行提示操作如下：

命令：_ line 指定第一点：（注：极轴打开，增量角为系统默认的 90°，对象捕捉和对象捕捉追踪打开，在栅格内适当位置指定任意点）

指定下一点或［放弃（U）］：（注：向上垂直移动光标，输入 59.5，按"回车"键）

步骤二：作左半部分外轮廓线，如图 11-41 所示。选择"粗实线"图层为当前图层，点击工具栏图标╱，按命令行提示操作如下：

命令：_ line 指定第一点：（注：鼠标左键点击中心线下端点）

指定下一点或［放弃（U）］：（注：向左水平移动光标，输入 12.5，按"回车"键）

指定下一点或［放弃（U）］：（注：向上垂直移动光标，输入 5，按"回车"键）

指定下一点或［闭合（C）/放弃（U）］：（注：向右水平移动光标，输入 2，按"回车"键）

指定下一点或［闭合（C）/放弃（U）］：（注：向上垂直移动光标，输入 29.5，按"回车"键）

指定下一点或［闭合（C）/放弃（U）］：（注：向右水平移动光标，输入 0.5，按"回车"键）

指定下一点或［闭合（C）/放弃（U）］：（注：向上垂直移动光标，输入 25，按"回车"键）

指定下一点或［闭合（C）/放弃（U）］：（注：鼠标左键点击中心线上端点）

步骤三：作 ϕ6 孔和 M8 左半部分，如图 11-42 所示。点击工具栏图标╱，按命令行提示操作如下：

图 11-41　作中心线作及左半部分外轮廓线　　　　图 11-42　作 ϕ6 孔和 M8 左半部分

命令：_ line 指定第一点：（注：以中心线上端点作为临时追踪点，向左水平移动光标，输入 3，按"回车"键）

指定下一点或［放弃（U）］：（注：向下垂直移动光标，输入 59.5，按"回车"键）

指定下一点或［放弃（U）］：（注：按"回车"键）

步骤四：作 M8 螺纹孔左半部分。选择"细实线"图层为当前图层，点击工具栏图标╱，按命令行提示操作如下：

命令：_ line 指定第一点：（注：以中心线上端点作为临时追踪点，向左水平移动光标，

输入 4，按"回车"键）

指定下一点或［放弃（U）］：（注：向下垂直移动光标，输入 20，按"回车"键）

指定下一点或［放弃（U）］：（注：向右水平移动光标，输入 4，按"回车"键）

指定下一点或［闭合（C）/放弃（U）］：（注：按"回车"键）

步骤五：镜像左半部分得到完整图形。点击工具栏图标 ⏴⏵，按命令行提示操作如下：

命令：_ mirror

选择对象：（注：鼠标框选绘制完成的轮廓线，按"回车"键）

指定镜像线的第一点：（注：鼠标左键点击中心线的最高点）

指定镜像线的第二点：（注：鼠标左键点击中心线的最低点）

是否删除源对象？［是（Y）/否（N）］＜N＞：（注：按"回车"键）

步骤六：拉长中心线。选择下拉菜单中"修改（M）→拉长（G）"，按命令行提示操作如下：

命令：_ lengthen

选择对象或［增量（DE）/百分数（P）/全部（T）/动态（DY）］：（注：输入"DE"，按"回车"键）

输入长度增量或［角度（A）］＜0.0000＞：（注：输入"4"，按"回车"键）

选择要修改的对象或［放弃（U）］：（注：分别选择两中心线的两端，按"回车"键）

步骤七：画剖面线，图案填充，如图 11-43 所示。点击工具栏图标 ⧄，弹出"边界图案填充"对话框，将"图案"改为"ANSI31"，"角度"改为"90"，"比例"改为"0.5"，如图 11-43 所示。鼠标点击"拾取点"，回到绘图界面，在图形中需要填充的区域点击鼠标左键，按"回车"键完成图案填充，如图 11-44 所示。

（4）标注尺寸。

步骤一：标注线性尺寸，如图 11-45 所示。选择"标注"图层为当前图层，选择下拉菜

图 11-43　图案填充

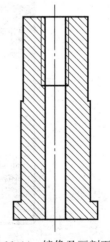

图 11-44　镜像及画剖面线

单中"标注（N）→线性（L）"，按命令行提示操作如下：

命令：_ dimlinear

指定第一条尺寸界线原点或＜选择对象＞：（注：鼠标左键点击线段长度为5的下端点）

指定第二条尺寸界线原点：（注：鼠标左键点击线段长度为5的上端点）

指定尺寸线位置或［多行文字（M）/文字（T）/角度（A）/水平（H）/垂直（V）/旋转（R）］：（注：在图中合适位置点击鼠标左键）

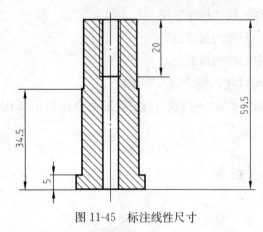

图11-45　标注线性尺寸

同理完成34.5、20和59.5的标注，如图11-45所示。

步骤二：标注尺寸M8。选择下拉菜单中"标注（N）→线性（L）"，按命令行提示操作如下：

命令：_ dimlinear

指定第一条尺寸界线原点或＜选择对象＞：（注：鼠标左键点击M8螺纹孔左端点）

指定第二条尺寸界线原点：（注：鼠标左键点击M8螺纹孔右端点）

指定尺寸线位置或［多行文字（M）/文字（T）/角度（A）/水平（H）/垂直（V）/旋转（R）］：（注：输入"T"，按"回车"键）

输入标注文字＜6＞：（注：输入"M8"，按"回车"键）

指定尺寸线位置或［多行文字（M）/文字（T）/角度（A）/水平（H）/垂直（V）/旋转（R）］：（注：在图中合适位置点击鼠标左键）

步骤三：标注直径。在"样式"工具栏上，单击标注样式管理器图标 按钮，弹出"标注样式管理器"，创建"直径"标注样式，如图11-46所示。

继续设置"直径"参数，找到"主单位"选项卡，在"前缀"后输入"%%C"，如图11-47所示。

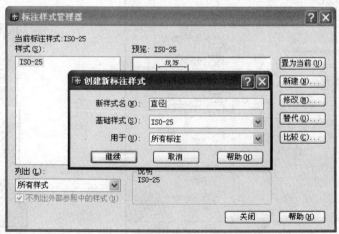

图11-46　创建"直径"标注样式

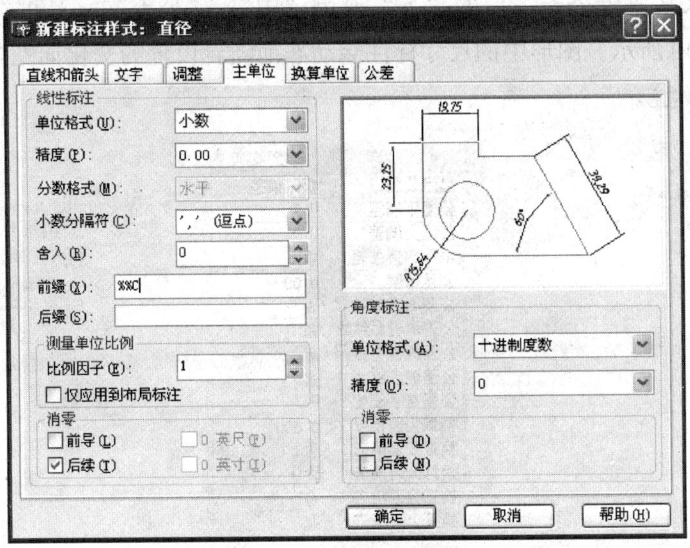

图 11-47　设置"直径"参数

将"直径"标注样式置为当前，选择下拉菜单中"标注（N)→线性（L)"，按命令行提示操作如下：

命令：_ dimlinear

指定第一条尺寸界线原点或 ＜选择对象＞：（注：鼠标左键点击 φ6 孔左端点）

指定第二条尺寸界线原点：（注：鼠标左键点击 φ6 孔右端点）

指定尺寸线位置或［多行文字（M)/文字（T)/角度（A)/水平（H)/垂直（V)/旋转（R)］：（注：在图中合适位置点击鼠标左键）

同理完成 φ25、φ20 和 φ21 的标注，如图 11-48 所示。

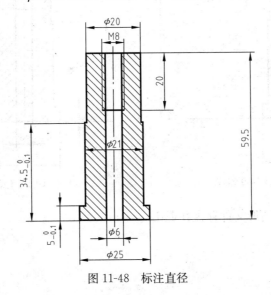

图 11-48　标注直径

步骤四：标注尺寸公差。在图形窗口中鼠标左键双击尺寸数字 5，在弹出的"特性"窗口中展开"公差"选项，将"显示公差"后的"无"改为"极限偏差"，"下偏差"后的"0"

改为"0.1","水平放置公差"后的"下"改为"中","公差文字高度"后的"1"改为"0.7",如图 11-49 所示。图形中的尺寸标注会动态地随着设置的变化而变化,关闭"特性"窗口完成公差的标注。

公差	✕
显示公差	极限偏差
公差下偏差	0.1
公差上偏差	0
水平放置公差	中
公差精度	0.00
公差消去前导零	否
公差消去后续零	是
公差消去零英尺	是
公差消去零英寸	是
公差文字高度	0.7
换算公差精度	0.000
换算公差消去...	否
换算公差消去...	否
换算公差消去...	是
换算公差消去...	是

图 11-49　公差设置

同理完成 34.5、ϕ20、ϕ21 公差的标注,并移动到合适位置,如图 11-50 所示。

步骤五:标注表面粗糙度。绘制表面粗糙度符号,"定义属性"后创建为"块",插入到图中合适位置,如图 11-51 所示。

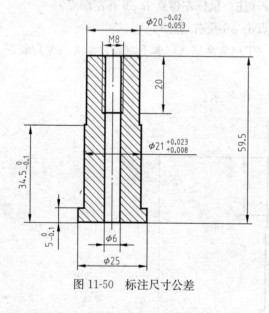

图 11-50　标注尺寸公差

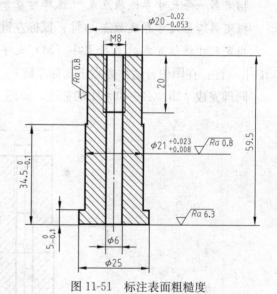

图 11-51　标注表面粗糙度

(5) 检查图形,将图形文件存盘并退出。

第12章 全国计算机信息高新技术考试(AutoCAD中级机械)试题

12.1 文件操作试题

第1题【操作要求】

(1) 建立新文件：运行 AutoCAD 软件，建立新模板文件，模板的图形范围是 120×90，0 层颜色为红色（RED)。

(2) 保存：将完成的模板图形以 KSCAD1-1.DWT 为文件名保存在考生文件夹中。

第2题【操作要求】

(1) 建立新文件：运行 AutoCAD 软件，建立新模板文件，模板的图形范围是 1200×900，加载线型为 acad_iso03w100，设此线型为当前线型，设置合理的线型比例。

(2) 保存：将完成的模板图形以 KSCAD1-2.DWT 为文件名保存在考生文件夹中。

第3题【操作要求】

(1) 建立新文件：运行 AutoCAD 软件，建立新模板文件，模板的图形范围是 4200×2900，光标捕捉（Snap）间距为 100，并打开光标捕捉。

(2) 保存：将完成的模板图形以 KSCAD1-3.DWT 为文件名保存在考生文件夹中。

第4题【操作要求】

(1) 建立新文件：运行 AutoCAD 软件，建立新模板文件，模板的图形范围是 4200×2900，设置单位为 Meters，长度、角度单位精确度为小数点后 3 位。

(2) 保存：将完成的模板图形以 KSCAD1-4.DWT 为文件名保存在考生文件夹中。

第5题【操作要求】

(1) 建立新文件：运行 AutoCAD 软件，建立新模板文件，模板的图形范围是 4200×2900，打开正交模式，打开 Osnap 捕捉模式，并设置端点、平行、垂直捕捉。

(2) 保存：将完成的模板图形以 KSCAD1-5.DWT 为文件名保存在考生文件夹中。

第6题【操作要求】

(1) 建立新文件：运行 AutoCAD 软件，建立新模板文件，模板的图形范围是 4200×2900，设置单位为 Meters，长度、角度单位精确度为小数点后 2 位。

(2) 保存：将完成的模板图形以 KSCAD1-6.DWT 为文件名保存在考生文件夹中。

第 7 题【操作要求】

(1) 建立新文件：运行 AutoCAD 软件，建立新模板文件，模板的图形范围是 4200×2900，设置当前多线为三线，每两线间距为 1.5，多线名为 3LINE。

(2) 保存：将完成的模板图形以 KSCAD1-7. DWT 为文件名保存在考生文件夹中。

第 8 题【操作要求】

(1) 建立新文件：运行 AutoCAD 软件，建立新模板文件，模板的图形范围是 4200×2900，设置尺寸标注样式，尺寸比例为 500，标注精度为小数点后 2 位。

(2) 保存：将完成的模板图形以 KSCAD1-8. DWT 为文件名保存在考生文件夹中。

第 9 题【操作要求】

(1) 建立新文件：运行 AutoCAD 软件，建立新模板文件，模板的图形范围是 4200×2900，设置文字样式：宋体、字高 100、文字倒置。

(2) 保存：将完成的模板图形以 KSCAD1-9. DWT 为文件名保存在考生文件夹中。

第 10 题【操作要求】

(1) 建立新文件：运行 AutoCAD 软件，建立新模板文件，模板的图形范围是 4200×2900，建立新图层，图层名为 CADTEST，线型为 center，颜色为红色。

(2) 保存：将完成的模板图形以 KSCAD1-10. DWT 为文件名保存在考生文件夹中。

第 11 题【操作要求】

(1) 建立新文件：运行 AutoCAD 软件，建立新模板文件，模板的图形范围是 420×297，左下角为 (10, 50)，长度单位和角度单位均采用十进制，精度为小数点后 2 位。

(2) 保存：将完成的模板图形以 KSCAD1-11. DWT 为文件名保存在考生文件夹中。

第 12 题【操作要求】

(1) 建立新文件：运行 AutoCAD 软件，建立新模板文件，模板的图形范围是 100×100，左下角为 (0, 0)，长度单位和角度单位均采用十进制，精度为小数点后 1 位；加载以下线型：CENTER、DASHED，线型文件为 acadiso. lin。

(2) 保存：将完成的模板图形以 KSCAD1-12. DWT 为文件名保存在考生文件夹中。

第 13 题【操作要求】

(1) 建立新文件：运行 AutoCAD 软件，建立新模板文件，绘图区域、长度单位、角度单位、精度、角度方向均默认。设定两种文字样式，名称分别为 HZ、TEXT，其中，HZ 样式表示为汉字样式，TEXT 表示西文样式，字型考生可自行选取。

(2) 保存：将完成的模板图形以 KSCAD1-13. DWT 为文件名保存在考生文件夹中。

第 14 题【操作要求】

(1) 建立新文件：运行 AutoCAD 软件，建立新模板文件，模板的图形范围是 50×50，左下角为 (0, 0)，长度单位和角度单位均采用十进制，精度为小数点后 2 位，角度方向默认。栅格距离和光标移动间距为 1。

（2）保存：将完成的模板图形以 KSCAD1-14.DWT 为文件名保存在考生文件夹中。

第 15 题【操作要求】

（1）建立新文件：运行 AutoCAD 软件，建立新文件，新图形范围 240×240，长度单位和角度单位均采用十进制，精度为小数点后 2 位。在新建图形文件中，绘制一线宽为 10、四角圆角半径为 5 的 50×80 矩形。

（2）保存：将完成的图形以 KSCAD1-15.DWG 为文件名保存在考生文件夹中。

第 16 题【操作要求】

（1）建立新文件：运行 AutoCAD 软件，建立新文件，新图形范围 240×240，长度单位和角度单位均采用十进制，精度为小数点后 2 位。在新建图形文件中，绘制一线宽为 8、四角圆角半径为 4 的 50×80 矩形。

（2）保存：将完成的图形以 KSCAD1-16.DWG 为文件名保存在考生文件夹中。

第 17 题【操作要求】

（1）建立新文件：运行 AutoCAD 软件，建立新文件，新图形范围 200×200。在新建图形文件中，绘制一个内径为 80，外径为 120 的圆环。

（2）保存：将完成的图形以 KSCAD1-17.DWG 为文件名保存在考生文件夹中。

第 18 题【操作要求】

（1）建立新文件：运行 AutoCAD 软件，建立新文件，新图形范围是 420×297。在新建图形文件中，绘制长轴为 120，短轴为 60 的椭圆。

（2）保存：将完成的图形以 KSCAD1-18.DWG 为文件名保存在考生文件夹中。

第 19 题【操作要求】

（1）建立新文件：运行 AutoCAD 软件，建立新文件，新图形范围是 4200×2970。在新建图形文件中，绘制半径为 1200 的优弧。

（2）保存：将完成的图形以 KSCAD1-19.DWG 为文件名保存在考生文件夹中。

12.2　简单图形绘制试题

第 1 题【操作要求】

（1）建立新图形文件：建立新图形文件，绘图区域为 100×100。

（2）绘图

① 绘制一个长为 60、宽为 30 的矩形；在矩形对角线交点处绘制一个半径为 10 的圆。

② 在矩形下边线左右各 1/8 处绘制圆的切线；再绘制一个圆的同心圆，半径为 5，完成后的图形如图 12-1。

（3）保存：将完成的图形以 KSCAD2-1.DWG 为文件名保存在考生文件夹中。

第 2 题【操作要求】

（1）建立新图形文件：建立新图形文件，绘图区域为 240×200。

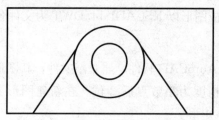

图 12-1　简单图形绘制试题 1

（2）绘图

① 绘制一个 100×25 的矩形。

② 在矩形中绘制一个样条曲线，样条曲线顶点间距相等，左端点切线与垂直方向的夹角 45°，右端点切线与垂直方向的夹角为 135°，完成后的图形如图 12-2 所示。

（3）保存：将完成的图形以 KSCAD2-2. DWG 为文件名保存在考生文件夹中。

第 3 题【操作要求】

（1）建立新图形文件：建立新图形文件，绘图区域为 240×200。

（2）绘图

① 绘制一个两轴长分别为 100 及 60 的椭圆。

② 椭圆中绘制一个三角形，三角形三个顶点分别为：椭圆上四分点、椭圆左下四分之一椭圆弧的中点以及椭圆右四分之一椭圆弧的中点；绘制三角形的内切圆。完成后的图形如图 12-3 所示。

（3）保存：将完成的图形以 KSCAD2-3. DWG 为文件名保存在考生文件夹中。

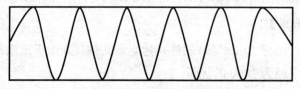

图 12-2　简单图形绘制试题 2

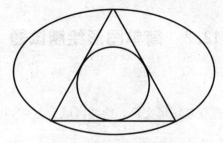

图 12-3　简单图形绘制试题 3

第 4 题【操作要求】

（1）建立新图形文件：建立新图形文件，绘图区域为 420×297。

（2）绘图

① 绘制一个宽度为 10、外圆直径为 100 的圆环。

② 在圆中绘制箭头，箭头尾部宽为 10，箭头起始宽度（圆环中心处）为 20；箭头的头

尾与圆环的水平四分点重合。绘制一个直径为 50 的同心圆。完成后的图形如图 12-4 所示。

（3）保存：将完成的图形以 KSCAD2-4.DWG 为文件名保存在考生文件夹中。

第 5 题【操作要求】

（1）建立新图形文件：建立新图形文件，绘图区域为 200×200。

（2）绘图

① 绘制一个边长为 20、AB 边与水平线夹角为 30°的正七边形；绘制一个半径为 10 的圆、且圆心与正七边形同心；再绘制正七边形的外接圆。

② 绘制一个与正七边形相距 10 的外围正七边形。完成后的图形如图 12-5 所示。

（3）保存：将完成的图形以 KSCAD2-5.DWG 为文件名保存在考生文件夹中。

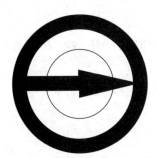

图 12-4　简单图形绘制试题 4

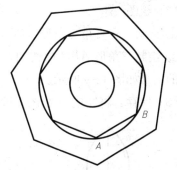

图 12-5　简单图形绘制试题 5

第 6 题【操作要求】

（1）建立新图形文件：建立新图形文件，绘图区域为 240×200。

（2）绘图

① 绘制一个边长为 100 的正三角形。

② 在正三角形中绘制 15 个圆，其中每个圆的半径相等，圆与相邻圆以及相邻直线都相切。完成后的图形如图 12-6 所示。

（3）保存：将完成的图形以 KSCAD2-6.DWG 为文件名保存在考生文件夹中。

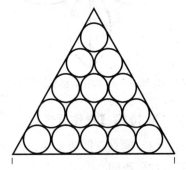

图 12-6　简单图形绘制试题 6

第 7 题【操作要求】

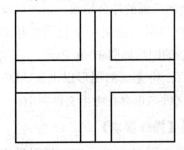

图 12-7　简单图形绘制试题 7

（1）建立新图形文件：建立新图形文件，绘图区域为 240×200。

（2）绘图

① 绘制一个 100×80 的矩形。

② 在矩形中心绘制两条相交多线，多线类型为三线，且多线的每两个元素间的间距为 10，两相交多线在中间断开。完成后的图形如图 12-7 所示。

（3）保存：将完成的图形以 KSCAD2-7. DWG 为文件名保存在考生文件夹中。

第 8 题【操作要求】

（1）建立新图形文件：建立新图形文件，绘图区域为 240×200。

（2）绘图

① 绘制两条长度为 80 的垂直平分线。

② 绘制多义线，其中弧的半径为 25。完成后的图形如图 12-8 所示。

（3）保存：将完成的图形以 KSCAD2-8. DWG 为文件名保存在考生文件夹中。

第 9 题【操作要求】

（1）建立新图形文件：建立新图形文件，绘图区域为 1200×1000。

（2）绘图

① 绘制一个直角三角形 ABC，其中：AB 长为 400，AC 长为 300。

② 绘制三角形 ABC 内切圆，再绘制一个与三角形的内切圆、AB、BC 相切的圆。完成后的图形如图 12-9 所示。

（3）保存：将完成的图形以 KSCAD2-9. DWG 为文件名保存在考生文件夹中。

图 12-8　简单图形绘制试题 8

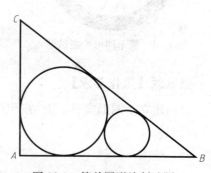

图 12-9　简单图形绘制试题 9

第 10 题【操作要求】

（1）建立新图形文件：建立新图形文件，绘图区域为 560×400。

（2）绘图

① 绘制两个圆，半径分别为 50、100；两圆相距 300。

② 绘制一条相切两圆的圆弧，圆弧半径为 200；绘制两圆的外公切线；以两圆圆心连线的中点为圆心绘制一个与圆弧相切的圆。完成后的图形如图 12-10 所示。

（3）保存：将完成的图形以 KSCAD2-10. DWG 为文件名保存在考生文件夹中。

第 11 题【操作要求】

（1）建立新图形文件：建立新图形文

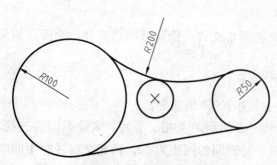

图 12-10　简单图形绘制试题 10

件，绘图区域为 560×400。

（2）绘图

① 绘制一个 200×150 的矩形。

② 再绘制一个 150×80 的矩形，要求此矩形的中心与大矩形的中心重合。完成后的图形如图 12-11 所示。

（3）保存：将完成的图形以 KSCAD2-11.DWG 为文件名保存在考生文件夹中。

第 12 题【操作要求】

（1）建立新图形文件：建立新图形文件，绘图区域为 560×400。

（2）绘图

① 绘制 12 个相切的圆，圆心与圆心的距离为 12。

② 绘制此 12 个相切圆的外接圆。完成后的图形如图 12-12 所示。

（3）保存：将完成的图形以 KSCAD2-12.DWG 为文件名保存在考生文件夹中。

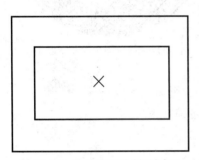

图 12-11　简单图形绘制试题 11

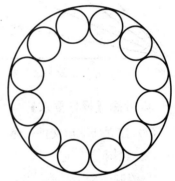

图 12-12　简单图形绘制试题 12

第 13 题【操作要求】

（1）建立新图形文件：建立新图形文件，绘图区域为 560×400。

（2）绘图

① 绘制图形中左边的直线与圆弧。

② 绘制图形中右边半径为 30 的圆弧。完成后的图形如图 12-13 所示。

（3）保存：将完成的图形以 KSCAD2-13.DWG 为文件名保存在考生文件夹中。

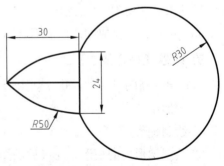

图 12-13　简单图形绘制试题 13

第 14 题【操作要求】

（1）建立新图形文件：建立新图形文件，绘图区域为 560×400。

（2）绘图

① 绘制任意两线，要求两线的夹角小于 90°。

② 绘制两线夹角的四等分线。完成后的图形如图 12-14 所示。

（3）保存：将完成的图形以 KSCAD2-14.DWG 为文件名保存在考生文件夹中。

第 15 题【操作要求】

（1）建立新图形文件：建立新图形文件，绘图区域为 1200×1000。

(2) 绘图

① 绘制一个边长为 100 的正 16 边形。

② 将正 16 边形的各顶点连线。完成后的图形如图 12-15 所示。

(3) 保存：将完成的图形以 KSCAD2-15.DWG 为文件名保存在考生文件夹中。

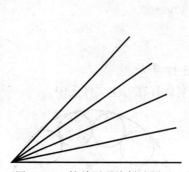

图 12-14　简单图形绘制试题 14

图 12-15　简单图形绘制试题 15

第 16 题 【操作要求】

(1) 建立新图形文件：建立新图形文件，绘图区域为 420×297。

(2) 绘图

① 绘制一个 150 单位长的水平线，并将线等分为四等分。

② 绘制多义线，其中：线宽在 B、C 两点处最宽，宽度为 10；A、D 两点处宽度为 0。完成后的图形如图 12-16 所示。

(3) 保存：将完成的图形以 KSCAD2-16.DWG 为文件名保存在考生文件夹中。

第 17 题 【操作要求】

(1) 建立新图形文件：建立新图形文件，绘图区域为 420×297。

(2) 绘图

① 绘制梯形。

② 绘制梯形内的矩形。完成后的图形如图 12-17 所示。

(3) 保存：将完成的图形以 KSCAD2-17.DWG 为文件名保存在考生文件夹中。

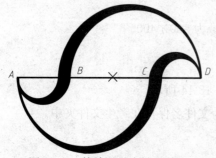

图 12-16　简单图形绘制试题 16

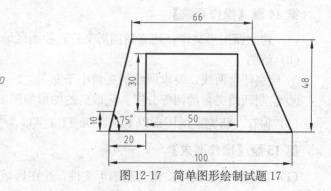

图 12-17　简单图形绘制试题 17

第 18 题【操作要求】

（1）建立新图形文件：建立新图形文件，绘图区域为 420×297。

（2）绘图

① 绘制平行四边形。

② 绘制两弧线。完成后的图形如图 12-18 所示。

（3）保存：将完成的图形以 KSCAD2-18. DWG 为文件名保存在考生文件夹中。

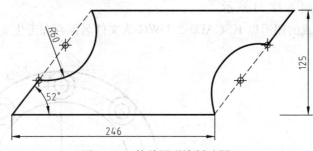

图 12-18　简单图形绘制试题 18

第 19 题【操作要求】

（1）建立新图形文件：建立新图形文件，绘图区域为 420×297。

（2）绘图

① 绘制双向箭头的轮廓线，线的颜色为红色。

② 填充双向箭头，填充颜色为绿色，要求轮廓线可见。完成后的图形如图 12-19 所示。

（3）保存：将完成的图形以 KSCAD2-19. DWG 为文件名保存在考生文件夹中。

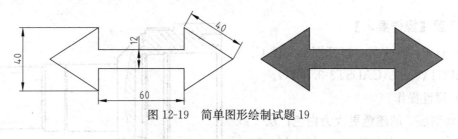

图 12-19　简单图形绘制试题 19

12.3　图形属性试题

第 1 题【操作要求】

（1）打开图形文件：打开图形文件 C：\ 2003CADST \ Unit3 \ CADST3-1. DWG。

（2）属性操作：

① 将图中所有白色线改变为黄色。

② 建立新图层，图层名为 CENTER，颜色为红色，线型为 center。将图中所有蓝色线放置新层中，更改后蓝线属性与新层一致。在 0 层中填充剖面线，剖面线比例合理。完成后的图形如图 12-20 所示。

（3）保存：将完成的图形以 KSCAD3-1. DWG 为文件名保存在考生文件夹中。

第 2 题【操作要求】

（1）打开图形文件：打开图形文件 C：\ 2003CADST \ Unit3 \ CADST3-2. DWG。

（2）属性操作

① 将图中所有白色线改变为红色线，线型为 center，线型比例合适。

② 将点画线中的小圆定义为图块，块名为 A，删除小圆，再将图块 A 插入到图中合适位置。完成后的图形如图 12-21 所示。

（3）保存：将完成的图形以 KSCAD3-2. DWG 为文件名保存在考生文件夹中。

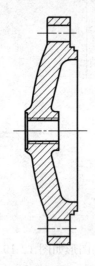

图 12-20　图形属性试题 1

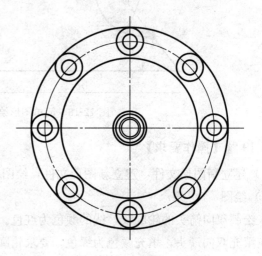

图 12-21　图形属性试题 2

第 3 题【操作要求】

（1）打开图形文件：打开图形文件 C：\ 2003CADST\Unit3\CADST3-3. DWG。

（2）属性操作

① 将图层 2 的颜色更改为白色；层 1 线型改变为 center；关闭图层 1；锁定标注层。

② 更换剖面图案，剖面线比例合适。完成后的图形如图 12-22 所示。

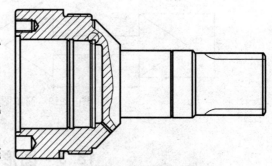

图 12-22　图形属性试题 3

（3）保存：将完成的图形以 KSCAD3-3. DWG 为文件名保存在考生文件夹中。

第 4 题【操作要求】

（1）打开图形文件：打开图形文件 C：\ 2003CADST \ Unit3 \ CADST3-4. DWG。

（2）属性操作

① 将所有蓝线改变成至 0 层，颜色与线型不变。

② 删除 0 层以外的所有图层中的对象。完成后的图形如图 12-23 所示。

（3）保存：将完成的图形以 KSCAD3-4. DWG 为文件名保存在考生文件夹中。

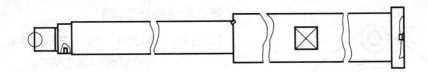

图 12-23　图形属性试题 4

第 5 题【操作要求】

（1）打开图形文件：打开图形文件 C：\ 2003CADST \ Unit3 \ CADST3-5.DWG。

（2）属性操作

① 删除虚线中的图形。

② 删除图层 LAYER1。完成后的图形如图 12-24 所示。

（3）保存：将完成的图形以 KSCAD3-5.DWG 为文件名保存在考生文件夹中。

第 6 题【操作要求】

（1）打开图形文件：打开图形文件 C：\ 2003CADST \ Unit3 \ CADST3-6.DWG。

（2）属性操作

① 删除打开图形文件中左边图形，将右边的图形中所有对象改变到 0 层，颜色为白色，但各对象的线型不变。

② 删除其余所有层。完成后的图形如图 12-25 所示。

（3）保存：将完成的图形以 KSCAD3-6.DWG 为文件名保存在考生文件夹中。

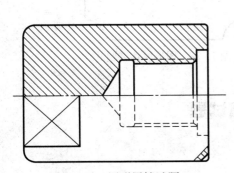

图 12-24　图形属性试题 5

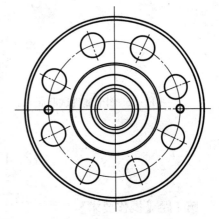

图 12-25　图形属性试题 6

第 7 题【操作要求】

（1）打开图形文件：打开图形文件 C：\ 2003CADST \ Unit3 \ CADST3-7.DWG。

（2）属性操作

① 删除图层 DIM-1。

② 将图中红色中心线线型改变为 center 线型，调整线型比例。完成后的图形如图12-26所示。

（3）保存：将完成的图形以 KSCAD3-7.DWG 为文件名保存在考生文件夹中。

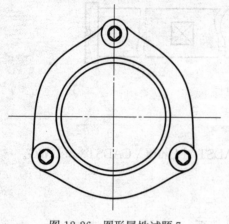

图 12-26　图形属性试题 7

第 8 题【操作要求】

（1）打开图形文件：打开图形文件 C：\ 2003 CADST \ Unit3 \ CADST3-8. DWG。

（2）属性操作

① 将打开图形的所有对象定义为可变文本属性块，删除图中所有对象。

② 将定义的属性块插入原图形中，属性块中的文本为 0.8，文本高度为 15。完成后的图形如图 12-27 所示。

（3）保存：将完成的图形以 KSCAD3-8. DWG 为文件名保存在考生文件夹中。

第 9 题【操作要求】

（1）打开图形文件：打开图形文件 C：\ 2003CADST \ Unit3 \ CADST3-9. DWG。

（2）属性操作

① 将打开图形中所有圆删除。

② 设置 lineweight 为 2.00，打开 lineweight 设置开关。完成后的图形如图 12-28 所示。

（3）保存：将完成的图形以 KSCAD3-9. DWG 为文件名保存在考生文件夹中。

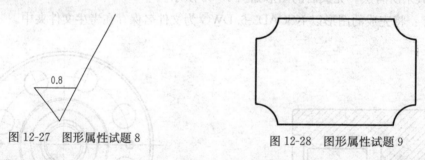

图 12-27　图形属性试题 8　　　　　图 12-28　图形属性试题 9

12.4　图形编辑试题

第 1 题【操作要求】

（1）打开图形文件：打开图形文件 C：\ 2003CADST \ Unit3 \ CADST4-1. DWG。

（2）编辑图形

① 将打开的三角形编辑成线宽为 10 的多段线。

② 将编辑后的图形编辑成一条封闭的样条曲线。完成后的图形如图 12-29 所示。

（3）保存：将完成的图形以 KSCAD4-1. DWG 为文件名保存在考生文件夹中。

第 2 题【操作要求】

（1）打开图形文件：打开图形文件 C：\ 2003CADST \ Unit3 \ CADST4-2. DWG。

（2）编辑图形

① 将打开的图形中的圆放大 1.2 倍。

② 通过编辑命令完成图形。完成后的图形如图 12-30 所示。

（3）保存：将完成的图形以 KSCAD4-2. DWG 为文件名保存在考生文件夹中。

图 12-29　图形编辑试题 1

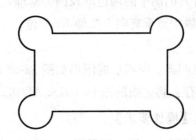

图 12-30　图形编辑试题 2

第 3 题【操作要求】

（1）打开图形文件：打开图形文件 C：\ 2003CADST \ Unit3 \ CADST4-3. DWG。

（2）编辑图形

① 将打开的矩形以对角线交点为基准等比缩放 0.6。

② 将缩放后的矩形阵列成图 12-31 所示的形状；行数为 4，行间距为 25；列数为 4，列间距为 30，整个图形与水平方向的夹角为 45°。完成后的图形如图 12-31 所示。

（3）保存：将完成的图形以 KSCAD4-3. DWG 为文件名保存在考生文件夹中。

第 4 题【操作要求】

（1）打开图形文件：打开图形文件 C：\ 2003CADST \ Unit3 \ CADST4-4. DWG。

（2）编辑图形

① 将打开的矩形以矩形对角线交点为中心旋转 90°。

② 以旋转后的矩形作环形阵列，阵列中心为圆心，阵列后矩形个数为 8，环形阵列的圆心为 270°。完成后的图形如图 12-32 所示。

（3）保存：将完成的图形以 KSCAD4-4. DWG 为文件名保存在考生文件夹中。

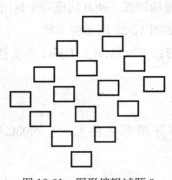

图 12-31　图形编辑试题 3

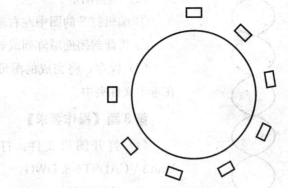

图 12-32　图形编辑试题 4

第 5 题【操作要求】

（1）打开图形文件：打开图形文件 C：\ 2003CADST \ Unit3 \ CADST4-5. DWG。

（2）编辑图形

① 以打开的图中的四边形及圆为基准，通过编辑命令完成图 12-33 所示的图形；其中，E 点为 CD 线中点垂直向上拉伸 80 单位；小圆半径相等，大圆弧比小圆半径大 6；轮廓线线宽为 3。

② 填充图案。完成后的图形如图 12-33 所示。

（3）保存：将完成的图形以 KSCAD4-5. DWG 为文件名保存在考生文件夹中。

第 6 题【操作要求】

（1）打开图形文件：打开图形文件 C：\ 2003CADST \ Unit3 \ CADST4-6. DWG。

（2）编辑图形

① 以打开的图中的圆及三角形为基准，通过编辑命令完成图 12-34 所示的图形。

② 填充图形。完成后的图形如图 12-34 所示。

（3）保存：将完成的图形以 KSCAD4-6. DWG 为文件名保存在考生文件夹中。

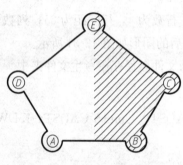

图 12-33　图形编辑试题 5

图 12-34　图形编辑试题 6

第 7 题【操作要求】

（1）打开图形文件：打开图形文件 C：\ 2003CADST \ Unit3 \ CADST4-7. DWG。

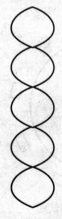

（2）编辑图形

① 编辑打开的图中左右段椭圆弧，使其构成一个封闭面域。

② 将此封闭面域阵列成如图 12-35 所示的形状。

（3）保存：将完成的图形以 KSCAD4-7. DWG 为文件名保存在考生文件夹中。

第 8 题【操作要求】

（1）打开图形文件：打开图形文件 C：\ 2003CADST \ Unit3 \ CADST4-8. DWG。

（2）编辑图形

① 编辑打开的图中的矩形，倒圆角半径为 40，倒直角下边为

图 12-35　图形编辑试题 7

50，另一边为 40。

② 编辑为如图 12-36 所示的图形，填充剖面线。

（3）保存：将完成的图形以 KSCAD4-8. DWG 为文件名保存在考生文件夹中。

第 9 题【操作要求】

（1）打开图形文件：打开图形文件 C：\ 2003CADST \ Unit3 \ CADST4-9. DWG。

（2）编辑图形

① 编辑打开的图形。

② 将编辑后的图形作阵列，然后绘制矩形，再调整图形的大小。完成后的图形如图 12-37 所示。

（3）保存：将完成的图形以 KSCAD4-9. DWG 为文件名保存在考生文件夹中。

第 10 题【操作要求】

（1）打开图形文件：打开图形文件 C：\ 2003CADST \ Unit3 \ CADST4-10. DWG。

（2）编辑图形

① 将打开的图中正三角形以及三弧线绕圆心逆时针方向旋转 35°。

② 编辑图形，完成后的图形如图 12-38 所示。

（3）保存：将完成的图形以 KSCAD4-10. DWG 为文件名保存在考生文件夹中。

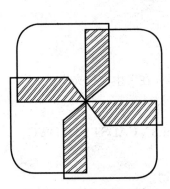
图 12-36　图形编辑试题 8

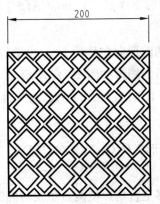
图 12-37　图形编辑试题 9

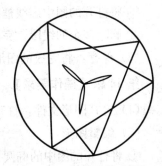
图 12-38　图形编辑试题 10

第 11 题【操作要求】

（1）打开图形文件：打开图形文件 C：\ 2003CADST \ Unit3 \ CADST4-11. DWG。

（2）编辑图形

① 将打开的图中的过椭圆中心的直线等分。

② 将椭圆沿直线方向阵列。完成后的图形如图 12-39 所示。

（3）保存：将完成的图形以 KSCAD4-11. DWG 为文件名保存在考生文件夹中。

第 12 题【操作要求】

（1）打开图形文件：打开图形文件 C：\ 2003CADST \ Unit3 \ CADST4-12. DWG。

（2）编辑图形

① 通过编辑命令完成一组棱形圆。

② 绘制棱形，调整整个图形的宽度。完成后的图形如图 12-40 所示。

（3）保存：将完成的图形以 KSCAD4-12.DWG 为文件名保存在考生文件夹中。

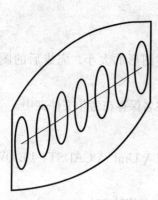

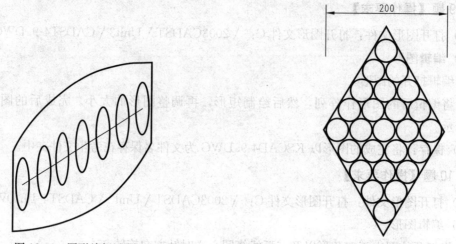

图 12-39　图形编辑试题 11

图 12-40　图形编辑试题 12

第 13 题【操作要求】

（1）打开图形文件：打开图形文件 C：\ 2003CADST \ Unit3 \ CADST4-13.DWG。

（2）编辑图形

① 将打开的图中虚线框中的图形向右移动 1000 个单位。

② 删除多余的线段。完成后的图形如图 12-41 所示。

（3）保存：将完成的图形以 KSCAD4-13.DWG 为文件名保存在考生文件夹中。

第 14 题【操作要求】

（1）打开图形文件：打开图形文件 C：\ 2003CADST \ Unit3 \ CADST4-14.DWG。

（2）编辑图形

① 将打开的图中的椭圆平移至直角，使两直角线与椭圆相切。

② 修剪椭圆与直角线。完成后的图形如图 12-42 所示。

（3）保存：将完成的图形以 KSCAD4-14.DWG 为文件名保存在考生文件夹中。

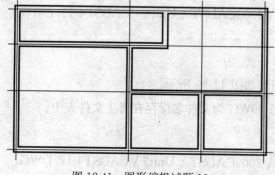

图 12-41　图形编辑试题 13

图 12-42　图形编辑试题 14

第 15 题【操作要求】

（1）打开图形文件：打开图形文件 C：\ 2003CADST \ Unit3 \ CADST4-15. DWG。

（2）编辑图形

① 按图中左上角矩形的尺寸，在矩形右边线的中间位置编辑一同样大小的矩形。

② 调整三角形至图 12-43 中所示的位置，填充图案。完成后的图形如图 12-43 所示。

（3）保存：将完成的图形以 KSCAD4-15. DWG 为文件名保存在考生文件夹中。

第 16 题【操作要求】

（1）打开图形文件：打开图形文件 C：\ 2003CADST \ Unit3 \ CADST4-16. DWG。

（2）编辑图形

① 以图 12-44 左图中 A 点为基准，绘制与小圆半径相等、与大圆相切的一组圆。

② 编辑图形。完成的图形如图 12-44 右图所示。

（3）保存：将完成的图形以 KSCAD4-16. DWG 为文件名保存在考生文件夹中。

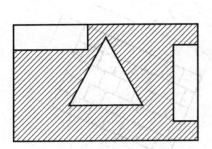

图 12-43　图形编辑试题 15

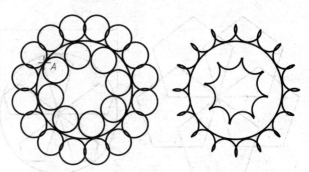

图 12-44　图形编辑试题 16

第 17 题【操作要求】

（1）打开图形文件：打开图形文件 C：\ 2003CADST \ Unit3 \ CADST4-17. DWG。

（2）编辑图形

① 将图编辑为图 12-45 左图的样式。

② 作环形阵列后裁剪。完成后的图形如图 12-45 右图所示。

（3）保存：将完成的图形以 KSCAD4-17. DWG 为文件名保存在考生文件夹中。

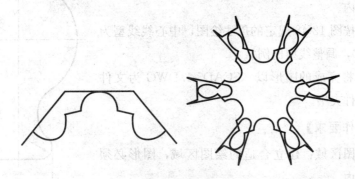

图 12-45　图形编辑试题 17

第18题【操作要求】

（1）打开图形文件：打开图形文件 C：\ 2003CADST \ Unit3 \ CADST4-18. DWG。

（2）编辑图形

① 将打开的图做环形阵列如图 12-46 左图的所示，裁剪。

② 绘制外接圆，调整图形整体的宽度。完成后的图形如图 12-46 右图所示。

（3）保存：将完成的图形以 KSCAD4-18. DWG 为文件名保存在考生文件夹中。

第19题【操作要求】

（1）打开图形文件：打开图形文件 C：\ 2003CADST \ Unit3 \ CADST4-19. DWG。

（2）编辑图形

① 将打开的图形编辑为矩形方式。

② 再通过编辑命令完成图形。完成后的图形如图 12-47 所示。

（3）保存：将完成的图形以 KSCAD4-19. DWG 为文件名保存在考生文件夹中。

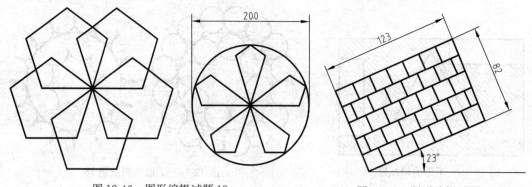

图 12-46　图形编辑试题 18　　　　　　　　　　　图 12-47　图形编辑试题 19

12.5　精确绘图试题

第1题【操作要求】

（1）建立绘图区域：建立合适的绘图区域，图形必须在设置的绘图区内。

（2）绘图：按图 12-48 规定的尺寸绘图，中心线线型为 acad _ iso10w100，调整线型比例。

（3）保存：将完成的图形以 KSCAD5-1. DWG 为文件名保存在考生文件夹中。

第2题【操作要求】

（1）建立绘图区域：建立合适的绘图区域，图形必须在设置的绘图区内。

（2）绘图：按图 12-49 规定的尺寸绘图，中心线线型为

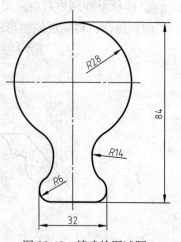

图 12-48　精确绘图试题 1

center，点线圆的线型为 acad_iso07w100，调整线型比例。

(3) 保存：将完成的图形以 KSCAD5-2.DWG 为文件名保存在考生文件夹中。

第 3 题【操作要求】

(1) 建立绘图区域：建立合适的绘图区域，图形必须在设置的绘图区内。

(2) 绘图：按图 12-50 规定的尺寸绘图，中心线线型为 center，调整线型比例。

(3) 保存：将完成的图形以 KSCAD5-3.DWG 为文件名保存在考生文件夹中。

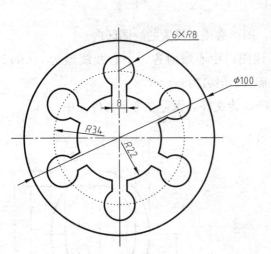

图 12-49　精确绘图试题 2

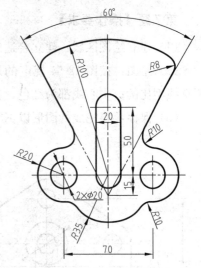

图 12-50　精确绘图试题 3

第 4 题【操作要求】

(1) 建立绘图区域：建立合适的绘图区域，图形必须在设置的绘图区内。

(2) 绘图：按图 12-51 规定的尺寸绘图，中心线线型为 center，调整线型比例。

(3) 保存：将完成的图形以 KSCAD5-4.DWG 为文件名保存在考生文件夹中。

第 5 题【操作要求】

(1) 建立绘图区域：建立合适的绘图区域，图形必须在设置的绘图区内。

(2) 绘图：按图 12-52 规定的尺寸绘图，中心线线型为 acad_iso10w100，调整线型比例。

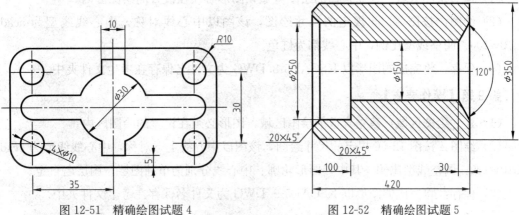

图 12-51　精确绘图试题 4

图 12-52　精确绘图试题 5

(3) 保存：将完成的图形以 KSCAD5-5. DWG 为文件名保存在考生文件夹中。

第 6 题【操作要求】

(1) 建立绘图区域：建立合适的绘图区域，图形必须在设置的绘图区内。

(2) 绘图：按图 12-53 规定的尺寸绘图，该图以中心线对称，中心线线型为 center2，调整线型比例；中心线都为红色，且放置在一新层，层名为 center。

(3) 保存：将完成的图形以 KSCAD5-6. DWG 为文件名保存在考生文件夹中。

第 7 题【操作要求】

(1) 建立绘图区域：建立合适的绘图区域，图形必须在设置的绘图区内。

(2) 绘图：按图 12-54 规定的尺寸绘图，该图以中心线对称，中心线线型为 center2，调整线型比例；中心线都为红色，且放置在一新层，层名为 center。

(3) 保存：将完成的图形以 KSCAD5-7. DWG 为文件名保存在考生文件夹中。

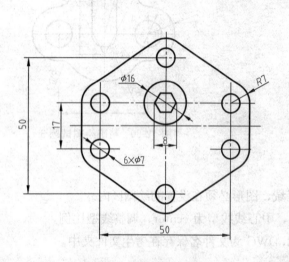

图 12-53 精确绘图试题 6

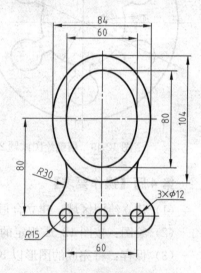

图 12-54 精确绘图试题 7

第 8 题【操作要求】

(1) 建立绘图区域：建立合适的绘图区域，图形必须在设置的绘图区内。

(2) 绘图：按图 12-55 规定的尺寸绘图，该图以中心线对称，中心线线型为 acad _ iso10w100，调整线型比例；中心线都为红色。

(3) 保存：将完成的图形以 KSCAD5-8. DWG 为文件名保存在考生文件夹中。

第 9 题【操作要求】

(1) 建立绘图区域：建立合适的绘图区域，图形必须在设置的绘图区内。

(2) 绘图：按图 12-56 规定的尺寸绘图，该图以中心线上下对称，中心线线型为 acad _ iso10w100，调整线型比例；其中，图形轮廓、中心线分别为单独图层，图层名自定。

(3) 保存：将完成的图形以 KSCAD5-9. DWG 为文件名保存在考生文件夹中。

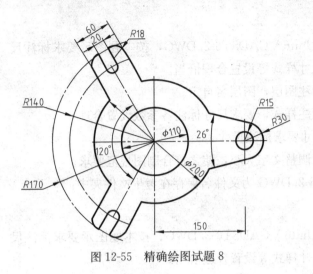

图 12-55　精确绘图试题 8

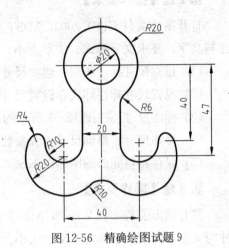

图 12-56　精确绘图试题 9

12.6　尺寸标注试题

第 1 题【操作要求】

打开图形文件 C：\ 2003CADST \ Unit6 \ CADST6-1. DWG，按本题图示要求标注尺寸与文字，要求文字样式、文字大小、尺寸样式等设置合理恰当。

(1) 建立尺寸标注图层：建立尺寸标注图层，图层名自定。

(2) 设置尺寸标注样式：设置尺寸标注样式，要求尺寸标注各参数设置合理。

(3) 标注尺寸：按图 12-57 所示的尺寸要求标注尺寸。

(4) 修饰尺寸：修饰尺寸相关参数、调整文字大小，使之符合制图规范要求。

(5) 保存：将完成的图形以 KSCAD6-1. DWG 为文件名保存在考生文件夹中。

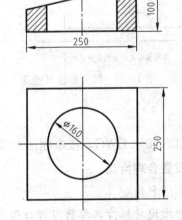

技术要求：

1. 本铸件为：HT200。

2. 不能有明显的铸造缺陷(气孔，夹砂，夹渣，裂纹)。

3. 本铸件全部 。

图 12-57　尺寸标注试题 1

第 2 题【操作要求】

打开图形文件 C：\ 2003CADST \ Unit6 \ CADST6-2. DWG，按本题图示要求标注尺寸与文字，要求文字样式、文字大小、尺寸样式等设置合理恰当。

（1）建立尺寸标注图层：建立尺寸标注图层，图层名自定。

（2）设置尺寸标注样式：设置尺寸标注样式，要求尺寸标注各参数设置合理。

（3）标注尺寸：按图 12-58 所示的尺寸要求标注尺寸。

（4）修饰尺寸：修饰尺寸相关参数、调整文字大小，使之符合制图规范要求。

（5）保存：将完成的图形以 KSCAD6-2. DWG 为文件名保存在考生文件夹中。

第 3 题【操作要求】

打开图形文件 C：\ 2003CADST \ Unit6 \ CADST6-3. DWG，按本题图示要求标注尺寸与文字，要求文字样式、文字大小、尺寸样式等设置合理恰当。

（1）建立尺寸标注图层：建立尺寸标注图层，图层名自定。

（2）设置尺寸标注样式：设置尺寸标注样式，要求尺寸标注各参数设置合理。

（3）标注尺寸：按图 12-59 所示的尺寸要求标注尺寸。

（4）修饰尺寸：修饰尺寸相关参数、调整文字大小，使之符合制图规范要求。

（5）保存：将完成的图形以 KSCAD6-3. DWG 为文件名保存在考生文件夹中。

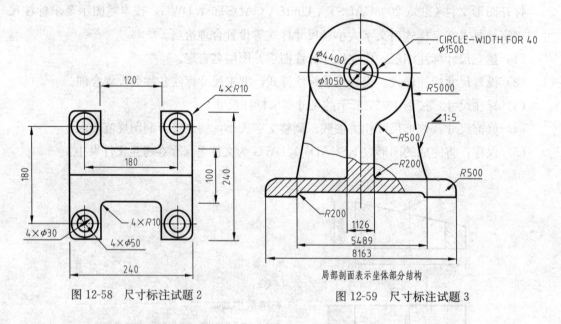

图 12-58　尺寸标注试题 2　　　　　图 12-59　尺寸标注试题 3

第 4 题【操作要求】

打开图形文件 C：\ 2003CADST \ Unit6 \ CADST6-4. DWG，按本题图示要求标注尺寸与文字，要求文字样式、文字大小、尺寸样式等设置合理恰当。

（1）建立尺寸标注图层：建立尺寸标注图层，图层名自定。

（2）设置尺寸标注样式：设置尺寸标注样式，要求尺寸标注各参数设置合理。

（3）标注尺寸：按图 12-60 所示的尺寸要求标注尺寸。

（4）修饰尺寸：修饰尺寸相关参数、调整文字大小，使之符合制图规范要求。

（5）保存：将完成的图形以 KSCAD6-4.DWG 为文件名保存在考生文件夹中。

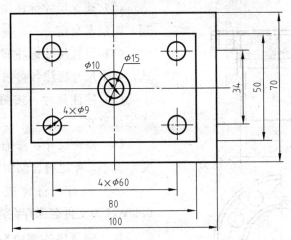

图 12-60　尺寸标注试题 4

第 5 题【操作要求】

打开图形文件 C：\ 2003CADST \ Unit6 \ CADST6-5.DWG，按本题图示要求标注尺寸与文字，要求文字样式、文字大小、尺寸样式等设置合理恰当。

（1）建立尺寸标注图层：建立尺寸标注图层，图层名自定。

（2）设置尺寸标注样式：设置尺寸标注样式，要求尺寸标注各参数设置合理。

（3）标注尺寸：按图 12-61 所示的尺寸要求标注尺寸。

（4）修饰尺寸：修饰尺寸相关参数、调整文字大小，使之符合制图规范要求。

（5）保存：将完成的图形以 KSCAD6-5.DWG 为文件名保存在考生文件夹中。

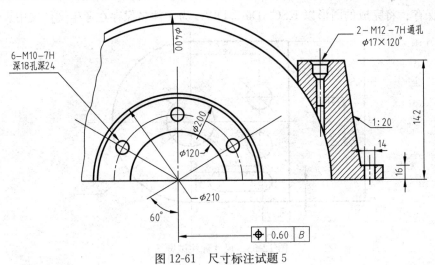

图 12-61　尺寸标注试题 5

第 6 题【操作要求】

打开图形文件 C：\ 2003CADST \ Unit6 \ CADST6-6.DWG，按本题图示要求标注尺

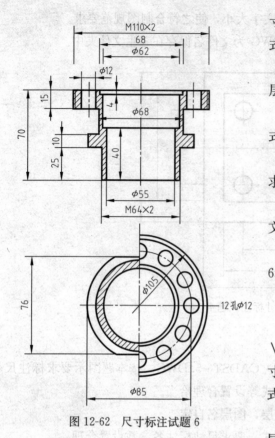

图 12-62　尺寸标注试题 6

寸与文字，要求文字样式、文字大小、尺寸样式等设置合理恰当。

（1）建立尺寸标注图层：建立尺寸标注图层，图层名自定。

（2）设置尺寸标注样式：设置尺寸标注样式，要求尺寸标注各参数设置合理。

（3）标注尺寸：按图 12-62 所示的尺寸要求标注尺寸。

（4）修饰尺寸：修饰尺寸相关参数、调整文字大小，使之符合制图规范要求。

（5）保存：将完成的图形以 KSCAD6-6.DWG 为文件名保存在考生文件夹中。

第 7 题【操作要求】

打开图形文件 C：\ 2003CADST \ Unit6 \ CADST6-7.DWG，按本题图示要求标注尺寸与文字，要求文字样式、文字大小、尺寸样式等设置合理恰当。

（1）建立尺寸标注图层：建立尺寸标注图层，图层名自定。

（2）设置尺寸标注样式：设置尺寸标注样式，要求尺寸标注各参数设置合理。

（3）标注尺寸：按图 12-63 所示的尺寸要求标注尺寸。

（4）修饰尺寸：修饰尺寸相关参数、调整文字大小，使之符合制图规范要求。

（5）保存：将完成的图形以 KSCAD6-7.DWG 为文件名保存在考生文件夹中。

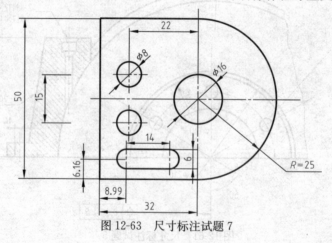

图 12-63　尺寸标注试题 7

第 8 题【操作要求】

打开图形文件 C：\ 2003CADST \ Unit6 \ CADST6-8.DWG，按本题图示要求标注尺寸与文字，要求文字样式、文字大小、尺寸样式等设置合理恰当。

（1）建立尺寸标注图层：建立尺寸标注图层，图层名自定。

（2）设置尺寸标注样式：设置尺寸标注样式，要求尺寸标注各参数设置合理。

（3）标注尺寸：按图 12-64 所示的尺寸要求标注尺寸。

（4）修饰尺寸：修饰尺寸相关参数、调整文字大小，使之符合制图规范要求。

（5）保存：将完成的图形以 KSCAD6-8.DWG 为文件名保存在考生文件夹中。

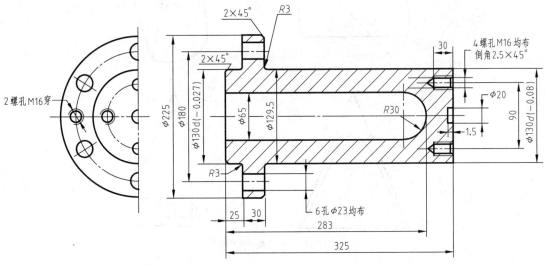

图 12-64　尺寸标注试题 8

第 9 题【操作要求】

打开图形文件 C：\ 2003CADST \ Unit6 \ CADST6-9.DWG，按本题图示要求标注尺寸与文字，要求文字样式、文字大小、尺寸样式等设置合理恰当。

（1）建立尺寸标注图层：建立尺寸标注图层，图层名自定。

（2）设置尺寸标注样式：设置尺寸标注样式，要求尺寸标注各参数设置合理。

（3）标注尺寸：按图 12-65 所示的尺寸要求标注尺寸。

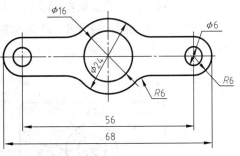

技术要求：

1.本产品材料为 Q235。

2.表面镀锌。

3.不能有飞边，毛刺。

图 12-65　尺寸标注试题 9

（4）修饰尺寸：修饰尺寸相关参数、调整文字大小，使之符合制图规范要求。

（5）保存：将完成的图形以 KSCAD6-9.DWG 为文件名保存在考生文件夹中。

12.7　三维绘图试题

第 1 题【操作要求】

（1）建立新文件：建立新图形文件，图形区域等考生自行设置。

（2）建立三维视图：按图 12-66 给出的尺寸绘制三维图形。

（3）保存：将完成的图形以 KSCAD7-1.DWG 为文件名保存在考生文件夹中。

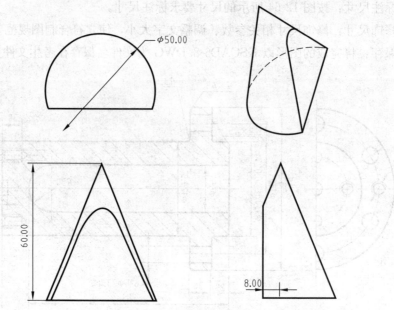

图 12-66　三维绘图试题 1

第 2 题【操作要求】

（1）建立新文件：建立新图形文件，图形区域等考生自行设置。

（2）建立三维视图：按图 12-67 给出的尺寸绘制三维图形。

（3）保存：将完成的图形以 KSCAD7-2.DWG 为文件名保存在考生文件夹中。

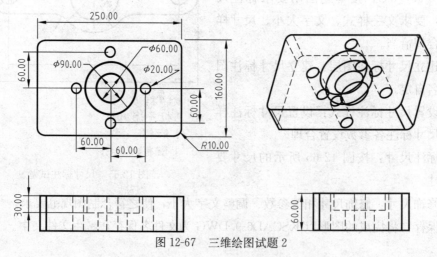

图 12-67　三维绘图试题 2

第 3 题【操作要求】

（1）建立新文件：建立新图形文件，图形区域等考生自行设置。

（2）建立三维视图：按图 12-68 给出的尺寸绘制三维图形。

（3）保存：将完成的图形以 KSCAD7-3.DWG 为文件名保存在考生文件夹中。

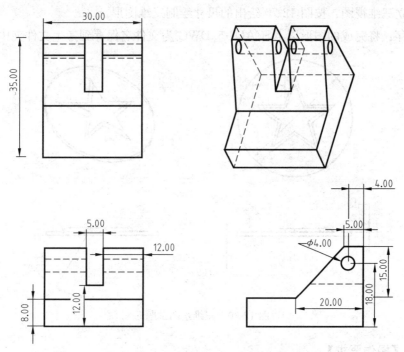

图 12-68　三维绘图试题 3

第 4 题【操作要求】

（1）建立新文件：建立新图形文件，图形区域等考生自行设置。

（2）建立三维视图：按图 12-69 给出的尺寸绘制三维图形。

（3）保存：将完成的图形以 KSCAD7-4.DWG 为文件名保存在考生文件夹中。

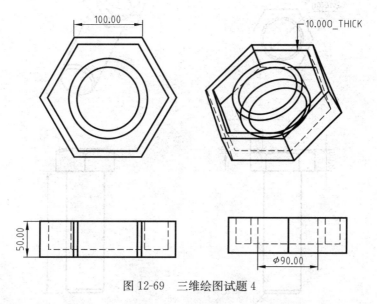

图 12-69　三维绘图试题 4

第 5 题【操作要求】

（1）建立新文件：建立新图形文件，图形区域等考生自行设置。

（2）建立三维视图：按图 12-70 给出的尺寸绘制三维图形。

（3）保存：将完成的图形以 KSCAD7-5.DWG 为文件名保存到考生文件夹中。

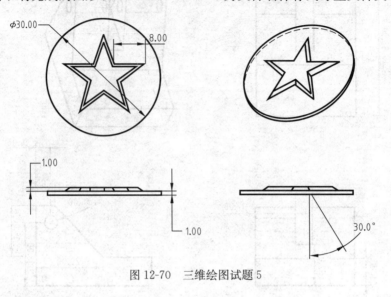

图 12-70　三维绘图试题 5

第 6 题【操作要求】

（1）建立新文件：建立新图形文件，图形区域等考生自行设置。

（2）建立三维视图：按图 12-71 给出的尺寸绘制三维图形。

（3）保存：将完成的图形以 KSCAD7-6.DWG 为文件名保存在考生文件夹中。

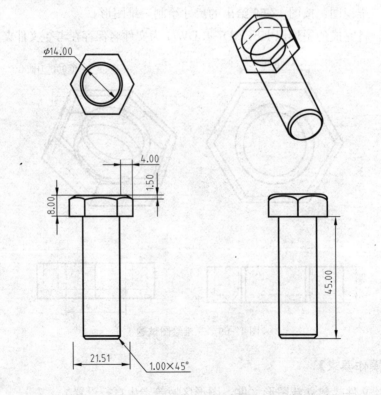

图 12-71　三维绘图试题 6

第 7 题【操作要求】

（1）建立新文件：建立新图形文件，图形区域等考生自行设置。

（2）建立三维视图：按图 12-72 给出的尺寸绘制三维图形。

（3）保存：将完成的图形以 KSCAD7-7.DWG 为文件名保存到考生文件夹中。

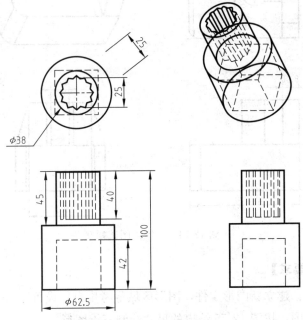

图 12-72　三维绘图试题 7

第 8 题【操作要求】

（1）建立新文件：建立新图形文件，图形区域等考生自行设置。

（2）建立三维视图：按图 12-73 给出的尺寸绘制三维图形。

（3）保存：将完成的图形以 KSCAD7-8.DWG 为文件名保存在考生文件夹中。

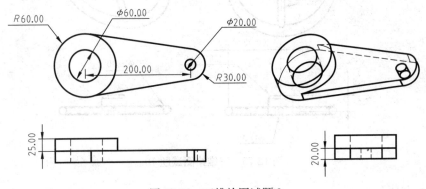

图 12-73　三维绘图试题 8

第 9 题【操作要求】

（1）建立新文件：建立新图形文件，图形区域等考生自行设置。

（2）建立三维视图：按图 12-74 给出的尺寸绘制三维图形。

（3）保存：将完成的图形以 KSCAD7-9.DWG 为文件名保存在考生文件夹中。

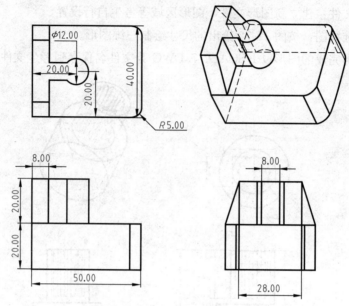

图 12-74　三维绘图试题 9

第 10 题【操作要求】

（1）建立新文件：建立新图形文件，图形区域等考生自行设置。

（2）建立三维视图：按图 12-75 给出的尺寸绘制三维图形。

（3）保存：将完成的图形以 KSCAD7-10.DWG 为文件名保存在考生文件夹中。

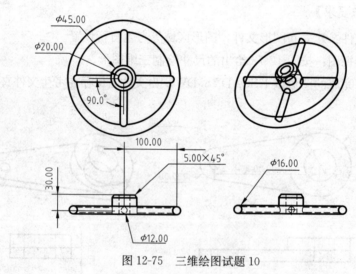

图 12-75　三维绘图试题 10

第 11 题【操作要求】

（1）建立新文件：建立新图形文件，图形区域等考生自行设置。

（2）建立三维视图：按图 12-76 给出的尺寸绘制三维图形。

（3）保存：将完成的图形以 KSCAD7-11.DWG 为文件名保存在考生文件夹中。

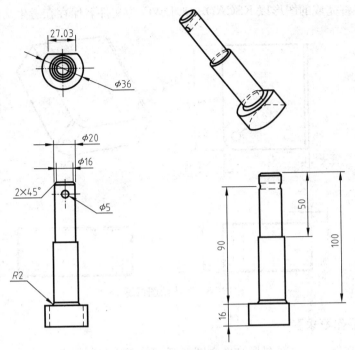

图 12-76　三维绘图试题 11

第 12 题【操作要求】

（1）建立新文件：建立新图形文件，图形区域等考生自行设置。

（2）建立三维视图：按图 12-77 给出的尺寸绘制三维图形。

（3）保存：将完成的图形以 KSCAD7-12. DWG 为文件名保存在考生文件夹中。

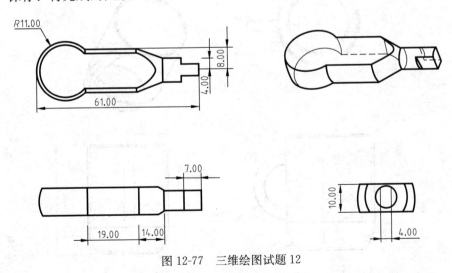

图 12-77　三维绘图试题 12

第 13 题【操作要求】

（1）建立新文件：建立新图形文件，图形区域等考生自行设置。

（2）建立三维视图：按图 12-78 给出的尺寸绘制三维图形。

（3）保存：将完成的图形以 KSCAD7-13. DWG 为文件名保存在考生文件夹中。

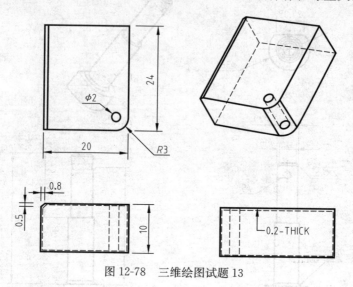

图 12-78　三维绘图试题 13

第 14 题【操作要求】

（1）建立新文件：建立新图形文件，图形区域等考生自行设置。

（2）建立三维视图：按图 12-79 给出的尺寸绘制三维图形。

（3）保存：将完成的图形以 KSCAD7-14. DWG 为文件名保存在考生文件夹中。

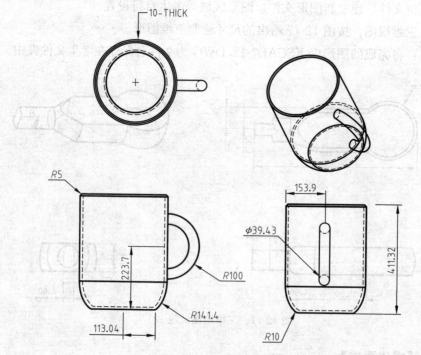

图 12-79　三维绘图试题 14

第 15 题【操作要求】

（1）建立新文件：建立新图形文件，图形区域等考生自行设置。

（2）建立三维视图：按图 12-80 给出的尺寸绘制三维图形。

（3）保存：将完成的图形以 KSCAD7-15.DWG 为文件名保存在考生文件夹中。

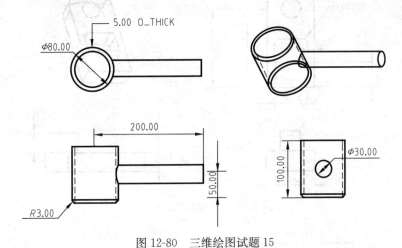

图 12-80　三维绘图试题 15

第 16 题【操作要求】

（1）建立新文件：建立新图形文件，图形区域等考生自行设置。

（2）建立三维视图：按图 12-81 给出的尺寸绘制二维图形。

（3）保存：将完成的图形以 KSCAD7-16.DWG 为文件名保存在考生文件夹中。

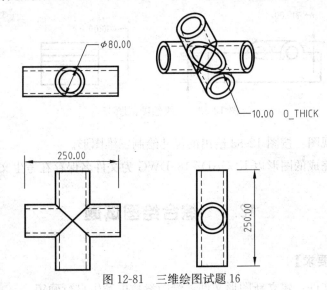

图 12-81　三维绘图试题 16

第 17 题【操作要求】

（1）建立新文件：建立新图形文件，图形区域等考生自行设置。

（2）建立三维视图：按图 12-82 给出的尺寸绘制三维图形。

（3）保存：将完成的图形以 KSCAD7-17.DWG 为文件名保存在考生文件夹中。

第 18 题【操作要求】

（1）建立新文件：建立新图形文件，图形区域等考生自行设置。

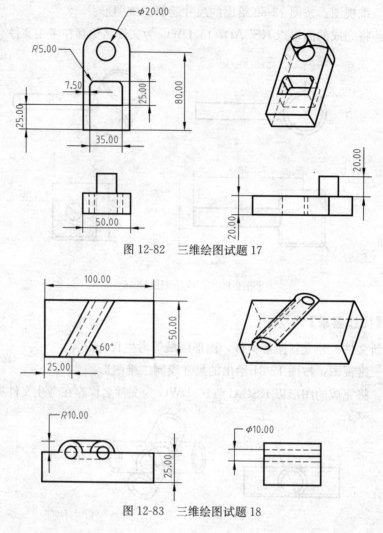

图 12-82　三维绘图试题 17

图 12-83　三维绘图试题 18

（2）建立三维视图：按图 12-83 给出的尺寸绘制三维图形。

（3）保存：将完成的图形以 KSCAD7-18. DWG 为文件名保存在考生文件夹中。

12.8　综合绘图试题

第 1 题【操作要求】

（1）新建图形文件：建立新图形文件，绘图参数由考生自行确定。

（2）绘图

① 参照图 12-84 绘制图形。

② 绘制图框。

③ 要求图形层次清晰、图形布置合理。

④ 图形中文字、标注、图框等符合国家标准。

（3）保存：将完成的图形以 KSCAD8-1. DWG 为文件名保存在考生文件夹中。

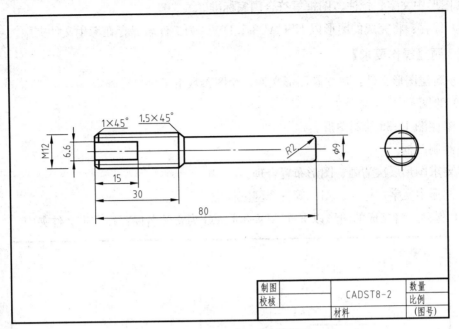

制图		CADST8-2	数量
校核			比例
		材料	（图号）

图 12-84　综合绘图试题 1

第 2 题【操作要求】

（1）新建图形文件：建立新图形文件，绘图参数由考生自行确定。

（2）绘图

① 参照图 12-85 绘制图形。

② 绘制图框。

③ 要求图形层次清晰、图形布置合理。

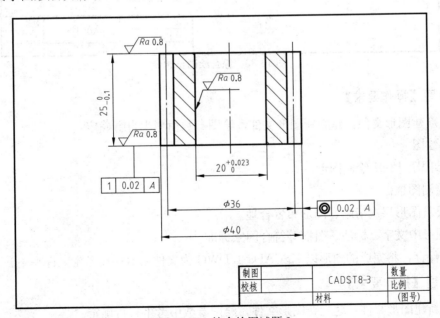

制图		CADST8-3	数量
校核			比例
		材料	（图号）

图 12-85　综合绘图试题 2

④ 图形中文字、标注、图框等符合国家标准。

（3）保存：将完成的图形以 KSCAD8-2.DWG 为文件名保存在考生文件夹中。

第3题【操作要求】

（1）新建图形文件：建立新图形文件，绘图参数由考生自行确定。

（2）绘图

① 参照图 12-86 绘制图形。

② 绘制图框。

③ 要求图形层次清晰、图形布置合理。

④ 图形中文字、标注、图框等符合国家标准。

（3）保存：将完成的图形以 KSCAD8-3.DWG 为文件名保存在考生文件夹中。

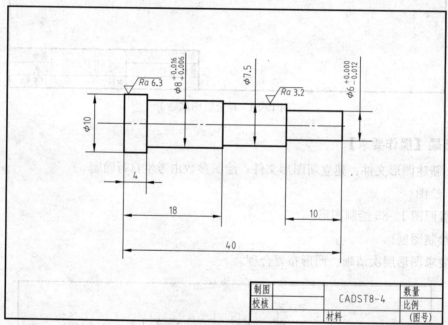

图 12-86　综合绘图试题 3

第4题【操作要求】

（1）新建图形文件：建立新图形文件，绘图参数由考生自行确定。

（2）绘图

① 参照图 12-87 绘制图形。

② 绘制图框。

③ 要求图形层次清晰、图形布置合理。

④ 图形中文字、标注、图框等符合国家标准。

（3）保存：将完成的图形以 KSCAD8-4.DWG 为文件名保存在考生文件夹中。

第5题【操作要求】

（1）新建图形文件：建立新图形文件，绘图参数由考生自行确定。

（2）绘图

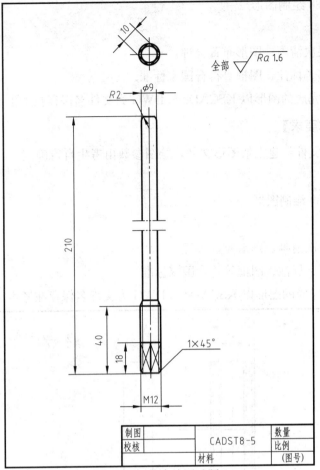

图 12-87　综合绘图试题 4

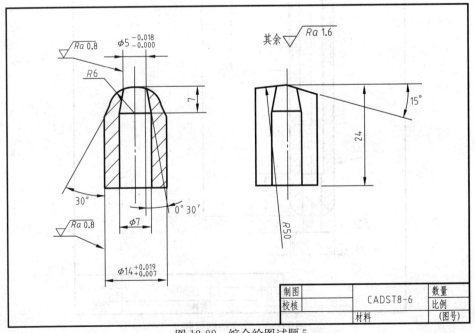

图 12-88　综合绘图试题 5

① 参照图 12-88 绘制图形。

② 绘制图框。

③ 要求图形层次清晰、图形布置合理。

④ 图形中文字、标注、图框等符合国家标准。

（3）保存：将完成的图形以 KSCAD8-5.DWG 为文件名保存在考生文件夹中。

第 6 题【操作要求】

（1）新建图形文件：建立新图形文件，绘图参数由考生自行确定。

（2）绘图

① 参照图 12-89 绘制图形。

② 绘制图框。

③ 要求图形层次清晰、图形布置合理。

④ 图形中文字、标注、图框等符合国家标准。

（3）保存：将完成的图形以 KSCAD8-6.DWG 为文件名保存在考生文件夹中。

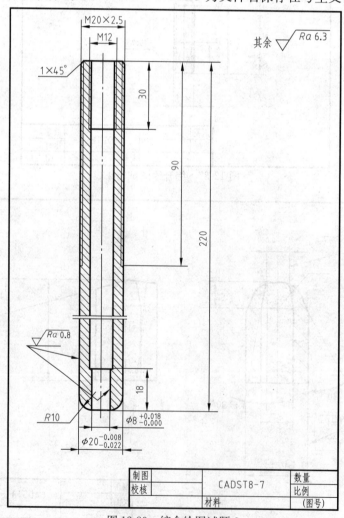

图 12-89　综合绘图试题 6

第 7 题【操作要求】

（1）新建图形文件：建立新图形文件，绘图参数由考生自行确定。

（2）绘图

① 参照图 12-90 绘制图形。

② 绘制图框。

③ 要求图形层次清晰、图形布置合理。

④ 图形中文字、标注、图框等符合国家标准。

（3）保存：将完成的图形以 KSCAD8-7. DWG 为文件名保存在考生文件夹中。

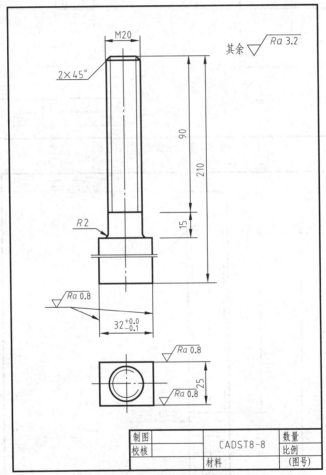

图 12-90　综合绘图试题 7

第 8 题【操作要求】

（1）新建图形文件：建立新图形文件，绘图参数由考生自行确定。

（2）绘图

① 参照图 12-91 绘制图形。

② 绘制图框。

③ 要求图形层次清晰、图形布置合理。

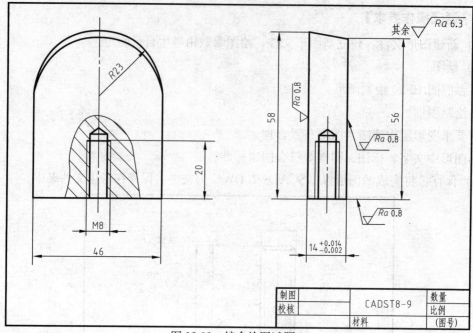

图 12-91　综合绘图试题 8

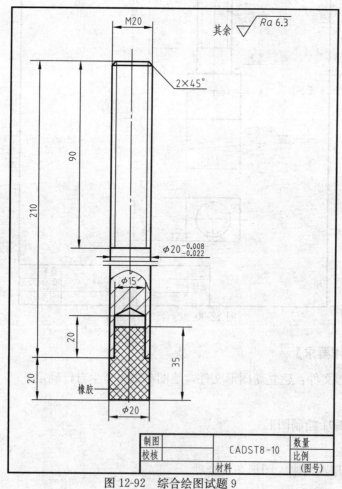

图 12-92　综合绘图试题 9

④ 图形中文字、标注、图框等符合国家标准。

（3）保存：将完成的图形以 KSCAD8-8. DWG 为文件名保存在考生文件夹中。

第 9 题【操作要求】

（1）新建图形文件：建立新图形文件，绘图参数由考生自行确定。

（2）绘图

① 参照图 12-92 绘制图形。

② 绘制图框。

③ 要求图形层次清晰、图形布置合理。

④ 图形中文字、标注、图框等符合国家标准。

（3）保存：将完成的图形以 KSCAD8-9. DWG 为文件名保存在考生文件夹中。

附录　计算机辅助设计中级绘图员考试大纲（机械类）

一、知识要求

1. 掌握机械制图国家标准的基本规定，如图样幅面、图线、字体、绘图比例、尺寸标注等；

2. 掌握几何作图的方法和步骤；

3. 掌握投影的基本概念、基本规律，机件三个投影之间的关系；

4. 掌握基本立体的投影特性及立体表面的截交线、相贯线的基本性质；

5. 掌握形体分析法、线面分析法，通过形体的几个投影构造其空间的三维形象；

6. 掌握形体的视图表达方法，如全剖视、半剖视、局部剖视等的概念和作图方法；

7. 掌握零件图的表达方法、表达内容，零件的视图选择、尺寸标注和技术要求等；

8. 掌握简单装配图的阅读与拆画零件图的方法；

9. 掌握微机绘图系统的基本组成及操作系统的一般使用知识；

10. 掌握基本图形的生成及编辑的方法和知识；

11. 掌握复杂图形（如块的定义与插入、图案填充等）、尺寸、复杂文本等的生成及编辑的方法和知识；

12. 掌握图形的输出及相关设备的使用方法和知识。

二、技能要求

1. 具有基本的计算机操作系统使用能力；

2. 具有基本图形的生成及编辑能力（绘制平面几何图形的作图能力）；

3. 具有通过给定形体的两个投影求其第三个投影的能力；

4. 具有绘制形体的全剖视图、半剖视图、局部剖视图的能力；

5. 具有复杂图形（如带属性的图形块的定义与插入、图案填充等）、尺寸、复杂文本等的生成及编辑能力；

6. 具有绘制零件图和拆画简单装配图的能力；

7. 具有图形的输出及相关设备的使用能力。

三、考试内容

1. 文件操作

（1）调用已存在图形文件；

（2）将当前图形存盘；

（3）用绘图机或打印机输出图形。

2. 绘图环境的设置

（1）根据机械制图国家标准，设置绘图界限；

（2）根据机械制图国家标准，设置图层、线型、颜色；

（3）根据机械制图国家标准，设置字样与字体；

（4）根据机械制图国家标准，绘制图样边框、图框、标题栏等。

3. 绘图工具

（1）设置单位制、栅格、正交等；

（2）数据的输入，如绝对坐标输入法、相对坐标输入法、极坐标输入法；

（3）相对基点的确定方法；

（4）目标点的跟踪、捕捉方法。

4. 绘制、编辑二维图形

（1）绘制点、线、圆、圆弧、矩形、多段线等基本图素；

（2）绘制字符、符号等图素；

（3）绘制平面几何图形；

（4）通过形体的两个投影求其第三个投影；

（5）绘制复杂图形，如块的定义与插入、图案填充、复杂文本输入等；

（6）编辑点、线、圆、圆弧、矩形、多段线等基本图素，如删除、恢复、复制、变比等；

（7）编辑字符、符号等图案；

（8）编辑复杂图形，如插入的块、填充的图案、输入的复杂文本等；

（9）将形体的视图改画成全剖视图、半剖视图、局部剖视图；

（10）绘制机械零件图；

（11）从装配图中拆画零件图。

5. 标注尺寸

（1）根据机械制图国家标准，设置机械制图尺寸标注样式；

（2）标注长度型、角度型、直径型、半径型、旁注型、连续型、基线型尺寸；

（3）修改以上各种类型的尺寸；

（4）标注尺寸公差。

参 考 文 献

［1］ 黄惠廉. 计算机辅助设计——AutoCAD 2006 基础与应用. 北京：高等教育出版社，2008.

［2］ 刘林. 广东省中级计算机辅助绘图员职业技能鉴定考试指南（机械类）. 北京：中国劳动社会保障出版社，2005.

［3］ 杨雨松. AutoCAD 2008 中文版实用教程. 北京：化学工业出版社，2009.